Atlas on Tool Species of Vegetation Recovery in South China

华南植被恢复工具种图谱

任海　蔡锡安　黎昌汉　叶育石　编著
Hai Ren, Xi'an Cai, Changhan Li and Yushi Ye

图书在版编目（CIP）数据

华南植被恢复工具种图谱／任海等 编著.
-武汉：华中科技大学出版社，2010.6
ISBN 978-7-5609-6108-8

I.华… II.任… III.植被－华南地区－图谱 IV.Q948.56-64

中国版本图书馆CIP数据核字（2010）第051673号

华南植被恢复工具种图谱 任海等 编著

出版/发行：华中科技大学出版社
地　　址：武汉市珞喻路1037号（邮编：430074）
出 版 人：阮海洪
策划编辑：王　斌
责任编辑：曹惠珍
责任监印：秦　英
制　　作：广州皕通文化传播有限公司
印　　刷：利丰雅高印刷（深圳）有限公司
开　　本：850mm×1168mm 1/16
印　　张：9.5
字　　数：170千字
版　　次：2010年6月第1版
印　　次：2010年6月第1次印刷
书　　号：ISBN 978-7-5609-6108-8/Q・47
定　　价：180.00元

销售电话：022-60266190，022-60266199，010-64155566（兼传真）
网　　址：www.hustpas.com, www.hustp.com
（本图书凡属印刷、装帧错误，可向承印厂或发行部调换）

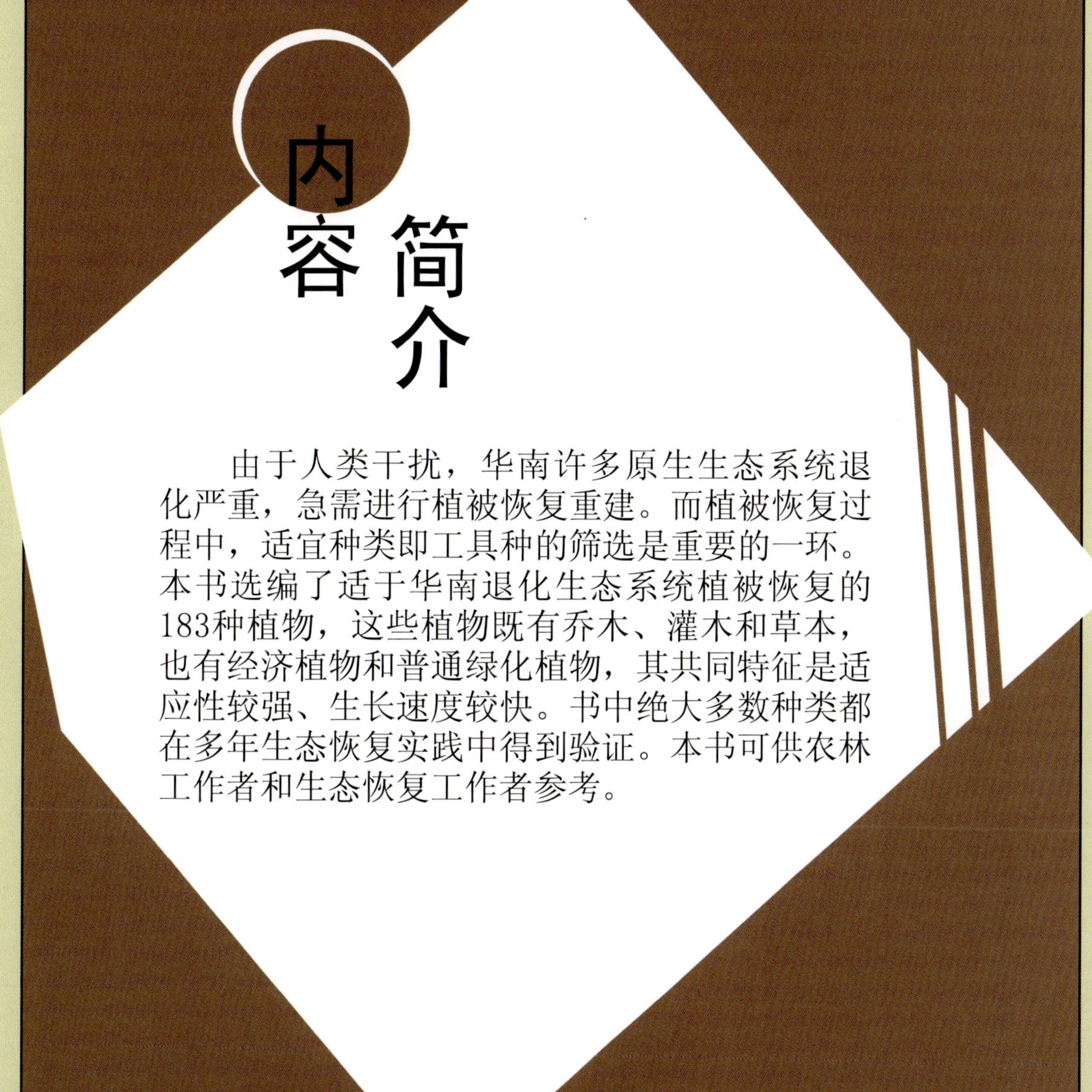

内容简介

由于人类干扰，华南许多原生生态系统退化严重，急需进行植被恢复重建。而植被恢复过程中，适宜种类即工具种的筛选是重要的一环。本书选编了适于华南退化生态系统植被恢复的183种植物，这些植物既有乔木、灌木和草本，也有经济植物和普通绿化植物，其共同特征是适应性较强、生长速度较快。书中绝大多数种类都在多年生态恢复实践中得到验证。本书可供农林工作者和生态恢复工作者参考。

前言 Introduction

目前中国森林面积已达1.95亿公顷，其中原始林面积低于6%，退化森林生态系统占较大比例(Li，2004)。与地带性天然林相比，退化生态系统的物种组成、群落或系统结构简化，生物多样性减少，生产力降低，土壤和微环境恶化，生物间相互关系改变，生态系统服务功能变差。在自然条件下，退化生态系统形成顶极植被相当慢，有的需要几百甚至几千年。鉴此，通过人工造林，使之尽快向生物多样性丰富和生态功能完善的天然顶极植被恢复是当前生态学研究和林业实践的重要课题(Ren et al，2007a)。

应该说，我国过去50多年通过人工造林进行植被恢复做了大量工作，并取得了较好的成效，但在植被恢复方面或多或少还存在一些误区，例如：种植了大量种类和结构单一的人工林（大部分是纯针叶林，其群落种类单一，年龄和高度比较接近；种植密度大，林下缺乏中间灌木层和地表植被，生态完整性和生态过程不全），大量使用外来种（如大量种植桉树和湿地松可能会对原有植被生态系统造成影响），忽视了植被生态系统健康所要求的异质性（出于管理方便或经济目标考虑，这些人工林大都以均质性出现，不具备健康生态系统的异质性和多样性），忽略了物种间的生态交互作用（包括植物与植物，植物与动物，植物、动物和微生物之间的关系未能考虑），忽略了植被的生态系统服务功能（对植被净化空气、固碳和水土保持功能考虑不够），较少关注珍稀濒危种和特有种（较少开发乡土适生种类种源）等等（解焱，2002；任海等，2008）。

行政区划上的华南地区主要包括广东、广西和海南三省区。从自然地理和植被学上讲广东和广西主要分布在南亚热带。鉴于华南地区的植物绝大部分均能在南亚热带生存，因此本书将植物介绍扩充至南亚热带。我国的南亚热带主要是指北纬22°～25°之间的北回归线附近地带，主要区域为南岭山脉以南、雷州半岛以北的广大地区，包括台湾北部和南部，福建和广东东南部，广西中部和云南中南部的地域。由于我国广大的南亚热带地区位于欧亚大陆东南部，东濒太平洋，南临印度洋，正处于世界上最大的大陆和两个最大的海洋边缘，冬季从大陆吹来的强劲东北风和东风，一般比较干冷，而夏季从海洋吹来的暖湿的东南风和西南风，加上夏、秋季频繁活动的台风，带来了充沛的雨水，摆脱了回归干燥带的影响，因此该区域水热条件较好，天然植被主要是季风常绿阔叶林和红树林等（彭少麟和任海，1998）。

由于长期人为干扰，我国南亚热带形成了近1500万公顷的退化草坡，这些草坡在自然情况下很难恢复成天然林。随着社会经济发展，该区域营造了大量针叶林、相思林和桉树林，但这些人工林结构简单，乡土树种难以自然入侵，演替与恢复时间长，整体生态功能较差。林业分类经营后，生态公益林受到广泛重视，社会上普遍期望用乡土树种直接在草坡上造林或改造现有人工林为生态公益林，急需筛选适生乡土种类并探讨高效造林方式（余作岳和彭少麟，1996）。据研究，在同地带的香港，将50种乡土树种幼苗直接种在炼山后的退化草坡上（相当于宫胁造林法），虽然加强了抚育，3年后存活率也只有20%（Lai & Wong,2005），这说明乡土树种需要更好的小环境提高成活率与生长率。我们多年在同地带的鼎湖山、鹤山和小良定位站发现：南亚热带水热季节分配不均（“干季”缺雨，热量少）及水热同季（“湿季”太热，降雨多为暴雨）会严重影响退化生态系统的森林恢复。这些现象说明，如何克服生态恢复过程中的非生物和生物障碍是非常重要的(Ren et al, 2008)。

对生物种类损失不多、生态系统功能（如土壤肥力、能量和水分循环、抵御外来入侵种）受损不大的生态系统，如果移除干扰，可依赖自然演替恢复。如果生态系统受损超越了受生物或非生物因子控制的不可逆的阈值，生态系统恢复将分步完成（见下页图），而且要跨越被生物或非生物控制的跃迁阈值(Whisenant, 1999)。

松科 Pinaceae

湿地松 ↙[1]

Pinus elliottii Engelm.

乔木，高达30m，胸径90cm。树皮褐色，纵裂成鳞状块片剥落。针叶2～3针一束，刚硬，深绿色，边缘有锯齿。球果圆锥形或窄卵圆形；种鳞的鳞盾近斜方形，肥厚，先端急尖，种子卵圆形，黑色，翅易脱落。花期3～4月；翌年10～11月果熟。

原产于美国东南部暖带潮湿的低海拔地区。我国南方大部分省区有引种栽培。

喜光，忌荫蔽；耐寒，又能抗高温；耐旱亦耐水湿，可忍耐短期淹水。喜深厚、肥沃的中性至强酸性土壤，在碱土中种植有黄化现象。根系发达，抗风力强。适生于低山丘陵地带，长势常比同地区的马尾松或黑松为好，很少受松毛虫危害。

为我国长江以南广大地区很有发展前途的造林树种。

松科 Pinaceae

马尾松 ↘

Pinus massoniana Lamb.

别名：青松、山松、枞松

乔木，高达45m，胸径1.5m。树皮红褐色，裂成不规则的鳞状块片。树冠宽塔形或伞形。针叶2针一束，细柔，微扭曲，边缘有细锯齿。雄球花淡红褐色，圆柱形，聚生于新枝下部苞腋，穗状；雌球花单生或聚生于新枝近顶端，淡紫红色。球果卵圆形或圆锥状卵圆形，成熟时栗褐色；种子长卵圆形。花期4～5月；球果翌年10～12月成熟。

广泛分布于我国南部及华北地区。

喜光，不耐庇荫；喜温暖、湿润的气候。能生于干旱、瘠薄的红壤、石砾土及沙质土，或生于岩石缝中，在肥润、深厚的砂质壤土上生长迅速，在钙质土上生长不良或不能生长，不耐盐碱。为深根性树种。

为荒山恢复森林的先锋树种。

---

① 箭头方向指示本种图片所在位置。

杉木

Cunninghamia lanceolata (Lamb.) Hook.

别名：沙木、沙树、刺杉、杉

乔木，高达30m，胸径可达3m。树皮灰褐色，裂成长条片脱落，内皮淡红色。幼树树冠尖塔形，大树树冠圆锥形。叶在主枝上辐射伸展，侧枝之叶基部扭转呈2列状。雄球花圆锥状，通常40余朵簇生于枝顶；雌球花单生或2～3朵集生，绿色。球果卵圆形，熟时苞鳞革质，棕黄色，三角状卵形；种鳞很小，先端3裂，腹部着生3颗种子，种子扁平，暗褐色，两侧边缘有窄翅。花期4月；球果10月成熟。

产于我国秦岭—淮河以南各省区丘陵及中、低山地。

喜温暖、湿润的气候及深厚、肥沃、排水良好的酸性土壤，不耐水淹和盐碱，在阴坡生长良好。

为我国中部及南部重要速生用材树种，15～20年即可成材。

罗汉松科 Podocarpaceae

长叶竹柏

Nageia fleuryi (Hickel) de Laub.

别名：桐木树

常绿乔木，高10～15m。树干通直，其树干自基部以上至顶部均有分枝，形成椭圆状塔形树冠；树皮光滑且呈褐色。叶交互对生，长卵形或披针形，长8～18cm，叶绿色，叶厚且革质，有光泽，平形脉。雄球花3～6朵簇生，圆柱形，长2～3cm；雌球花单朵或成对生长于叶腋，基部有数片苞片。种子球形，直径1～1.5cm，成熟时假种皮黑紫色。花期为春末夏初；果熟期为秋末冬初。

原产于我国云南东南部和广西、广东及中南半岛各国。自然生长于丘陵至海拔1 700m以下的常绿阔叶林中。现我国南方大量栽培，虽然生长相对缓慢，但总体良好。

喜半荫；适于温暖和湿润气候，不耐寒，不耐干旱和贫瘠。栽培须土层深厚、肥沃、富含有机质的土壤，含些沙质更佳。抗大气污染性能较强。

繁殖可用成熟的种子即采即播，也可在秋末扦插。

木兰科 Magnoliaceae

木莲

Manglietia fordiana Oliv.

常绿乔木，高达25m。干形通直。单叶互生，长椭圆形至倒披针形，革质，全缘，背面疏生红褐色短硬毛。花白色，形如莲，单生于枝端；花梗粗短。聚合蓇葖果，熟时紫红色，每果具数颗种子。花期4～5月；8～9月果熟。

产于我国东南部至西南部山地。

喜光，中性树种，幼时耐荫；喜温暖、湿润的气候。喜肥沃的酸性土壤，在低海拔过于干热处生长不良。

采果后放在阴凉处待蓇葖开裂，取出种子，水中浸泡2天，除去假种皮，洗净种子，稍晾干，忌日晒，宜随采随播或沙藏春播。主根浅，可与喜光、深根性的马尾松混植，长势良好；不宜在山脊、山顶、土壤瘠薄或强风地方种植。

木兰科 Magnoliaceae

灰木莲

Manglietia glauca Blume

别名：越南木莲

常绿乔木，高达26m，胸径60cm。干形通直圆满。树冠伞形。叶狭倒卵形，先端急尖，基部楔形，薄革质。花白色，花被片9。聚合果卵形，熟时黄绿色；有种子数颗，熟时假种皮红色。花期2～4月；9～10月果熟。

原产于越南及印度尼西亚。适生于南亚热带、海拔800m以下的低山、丘陵平原以及土层深厚、疏松、湿润的赤红壤和红壤立地。我国广东、海南和广西引种栽培，普遍生长良好。

喜暖热气候，能耐短期0℃低温；不耐干旱。

采果后置通风处阴干，待蓇葖裂开时取出种子，用细沙搓去假种皮，洗净，即可播种或沙藏备用。

木兰科 Magnoliaceae

海南木莲

Manglietia hainanensis Dandy

别名：绿楠

常绿大乔木，高达30m，胸径可达1.3m。树干通直，圆柱形。树冠卵圆形或伞形。单叶互生，薄革质，倒卵状长椭圆形，先端急尖。单花顶生，白色。果实卵形，由众多蓇葖果组成；果内有种子数颗，外种皮肉质红色，内种皮骨质灰黑色，种子略扁，具3棱。花期4～5月；9月果熟。

主要分布于我国海南岛中部以南的山区，垂直分布在海拔400～1 000m的原始林中。一般多生长在山坡的中下部、谷地和溪流两旁。

耐荫树种，是热带沟谷雨林和山地雨林的主要树种之一；喜温暖、湿润的气候，抗寒性较强。适生于砖红壤，在土层深厚、酸性中壤至重壤土上生长良好。生长快速。

果变为褐色便可采收，采收后注意保湿贮藏1个月，促进种子后熟，不能随采随播。

为热带和南亚热带常绿阔叶林珍贵的乡土树种。

白兰

Michelia alba DC.

别名：白兰花、白玉兰

常绿乔木，高达17m。树冠阔伞形。叶薄革质，长椭圆形或披针状椭圆形，先端长渐尖或尾状渐尖，基部楔形。花白色，极香；花被片10，披针形。聚合果，蓇葖熟时鲜红色。花期4～9月，夏季盛开；通常不结实。

原产于印度尼西亚爪哇，现广植于东南亚。我国福建、广东、广西、云南等省区栽培极盛，长江流域各省区多盆栽，在温室越冬。

既不喜荫蔽，又不耐日灼；喜温暖、湿润，宜通风良好，不耐寒冷；忌潮湿。适生于肥沃、排水良好而带微酸性的砂质壤土，在弱碱性的土壤上亦可生长。

结实少，繁殖多用嫁接法或高空压条法。

木兰科 Magnoliaceae

乐昌含笑

Michelia chapensis Dandy

别名：景烈白兰

常绿乔木，高达20m，胸径50cm。叶薄革质，倒卵形，先端短尾尖，基部楔形。花被片6，黄白色带深绿色。花期3～4月。

原产于我国江西南部、湖南南部、广西东部、广东西部及北部等地。自然生长在500～1500m的常绿阔叶林中。

喜光；喜温暖、湿润的气候；耐干旱。喜富含有机质、土层深厚、疏松、湿润的土壤。抗大气污染并能吸收有毒气体。适应性强，生长迅速。

采集成熟种子，除去假种皮，随采随播。

为中、南亚热带地区的乡土树种。

含笑

Michelia figo (Lour.) Spreng.

别名：含笑花、含笑梅

常绿灌木，高约3m。分枝繁密。叶革质，狭椭圆形，先端钝短尖，基部楔形。花直立，淡黄色而边缘有时红色或紫色，具甜浓的芳香；花被片6，肉质，较肥厚，长椭圆形；雄蕊药隔伸出呈急尖头；雌蕊群无毛，超出于雄蕊群。聚合果的蓇葖卵圆形或球形，顶端有短尖的喙。花期3～5月；果期7～8月。

原产于我国华南南部各省区，广东鼎湖山有野生。生于阴坡杂木林中，溪谷沿岸尤为茂盛。现广植于全国各地，长江流域各地需在温室越冬。

夏季炎热时宜半荫环境，不耐烈日曝晒，其他时间最好置于阳光充足的地方；性喜温湿，不甚耐寒，长江以南背风向阳处能露地越冬；不耐干燥，但也忌积水。不耐瘠薄，要求排水良好、肥沃的微酸性壤土，中性土壤也能适应。

木兰科 Magnoliaceae

火力楠

Michelia macclurei Dandy

别名：醉香含笑

常绿乔木，高达20m。叶革质，倒卵形、菱状或长圆状椭圆形，顶端尖，基部楔形。花被片9～12，白色，匙状倒卵形；雄蕊药隔顶端凸出呈短尖头，花丝红色；雌蕊群密被褐色短茸毛。聚合果蓇葖数个，长圆形或倒卵形，基部宽阔，沿腹面2瓣开裂；种子扁卵形，黑色。花期3～4月；果期9～11月。

产于我国广东、广西；越南北部也有分布。多生于海拔500～600m以下的山谷地带。

喜光；适应性强；喜温、暖湿润的气候，耐寒；耐干旱。耐瘠薄。抗大气污染，吸收有毒气体的功能较强。萌芽性强，有一定的抗火能力。生长迅速。

采果后摊晒2天至果壳开裂，筛选出种子，掺入沙搓去假种皮，清水洗净后晾干，即可播种或用湿沙分层贮藏。

深山含笑

Michelia maudiae Dunn

别名：光叶白兰花

常绿乔木，高达20m，胸径45cm。叶长椭圆形，软革质，背面粉白色，网脉致密，结成细眼。花白色，芳香如兰花；花被片9。聚合果熟时紫红色，蓇葖开裂。花期2～3月；10～11月果熟。

产于我国福建、广西和浙江南部、湖南南部等地山林中。

中性偏阴，大树喜光；喜温暖、湿润的气候；稍耐干旱。喜深厚肥沃的土壤。对二氧化硫的抗性较强。速生，自然更新能力强，适应性广。

采果后摊晒数天，待果开裂，取出种子，用水浸泡1天，搓去假种皮，即播或沙藏。

为华南常绿阔叶林的常见树种。

木兰科 Magnoliaceae

观光木

Tsoongiodendron odorum Chun

别名：香花木、宿轴木兰、香木楠

常绿大乔木，高达25m，胸径1.5～2m。单叶互生，椭圆形，全缘。花两性，芳香，单生于叶腋；花被片9，乳白色或淡紫红色；雌蕊群具显著的柄，离生心皮9枚。聚合果大，卵状椭圆形，熟时暗紫色，果皮厚木质。花期3～4月；10～11月果熟。

产于我国长江以南及西南地区至越南北部。星散分布于海拔400～1 000m的山地常绿阔叶林中。

中性偏阳，幼龄耐荫；适于温暖、湿润的气候。造林地宜选择阴坡、半阴坡或阳坡中下部，要求土层深厚、疏松、湿润的酸性土。根系发达，浅根性树种，生长快。

采摘成熟果实，放置阴凉处晾3天，将种子取出，除去蜡质假种皮，即可进行播种或沙藏催芽立春播种。

番荔枝科 Annonaceae

鹰爪花

Artabotrys hexapetalus (L. f.) Bhandari

别名：鹰爪、鹰爪兰、五爪兰

攀缘灌木，高达10m。小枝近无毛。叶纸质，长圆形或宽披针形，长6～16cm，宽2.5～6cm，两面无毛，先端渐尖或急尖，基部楔形。花1～2朵生于沟状花序梗上，淡黄色或淡绿色，芳香；萼片卵形，绿色，长约8mm；花瓣长圆状披针形，长3～4.5cm；雄蕊长圆形，无毛；心皮长圆形。果卵圆状，长2.5～4cm，直径约2.5cm，顶端尖；种子圆形，直径约8mm。花期5～8月；果期5～12月。

产于我国长江以南各地。生于林缘与旷地。

性喜光，稍耐荫；喜温暖和高温、高湿的气候，不耐寒；怕涝。喜排水良好的壤土，耐贫瘠。

可于春季进行播种或扦插繁殖。

番荔枝科 Annonaceae

假鹰爪

Desmos chinensis Lour.

别名：酒饼叶、鸡爪木、山指甲

直立灌木，高1～4m。枝上部蔓延。叶薄纸质，长圆形或宽披针形，长6～16cm，宽2.5～6cm，两面无毛，先端渐尖或急尖，基部楔形。花1～2朵生于沟状花序梗上，淡黄色或淡绿色，芳香；萼片卵形，绿色，长约8mm；花瓣长圆状披针形，长3～4.5cm；雄蕊长圆形，无毛；心皮长圆形。果卵圆状，长2.5～4cm，直径约2.5cm，顶端尖；种子圆形，直径约8mm。花期5～8月；果期5～12月。

产于我国长江以南各地。生于林缘与旷地。

性喜光，稍耐荫；喜温暖和高温、高湿的气候，不耐寒；怕涝。喜排水良好的壤土，耐贫瘠。

可于春季进行播种或扦插繁殖。

番荔枝科 Annonaceae

瓜馥木

Fissistigma oldhamii (Hemsl.) Merr.

别名：山龙眼藤、钻山风

攀缘灌木。茎长约8m。小枝被黄褐色柔毛。叶革质，倒卵状椭圆形或长圆形，长6～12.5cm，宽2～5cm，上面无毛，下面被短柔毛，先端短渐尖，基部宽楔形，侧脉两侧各16～20对。花1～3朵密集成伞形花序；萼片阔三角形，长约3cm；花被片卵状长圆形，外轮长2.1cm，宽约1.2cm，内轮小；雄蕊长圆形，长约2cm；心皮被绢状长柔毛。果圆球形，直径约1.8cm，密被黄棕色茸毛；种子圆形，直径约8mm。花期4～9月；果期7月至翌年2月。

产于我国广东、广西、湖南、江西、福建、台湾、浙江、云南。生于低海拔山谷水旁灌木丛中。

性喜温暖和高温、高湿的气候，不耐寒；怕涝。喜排水良好的壤土，耐贫瘠。

可于春季进行播种繁殖。

番荔枝科 Annonaceae

大花紫玉盘

Uvaria grandiflora Roxb.

别名：山椒子

攀缘灌木，高约3m。全株密被黄褐色星状柔毛或茸毛。叶纸质或近革质，长圆状倒卵形，长7～30cm，宽3.5～12.5cm，先端急尖或短渐尖，基部浅心形，侧脉10～17对。花单朵与叶对生，紫红色或深红色，直径达9cm；苞片2片，卵形；萼片膜质，宽卵形，长2～2.5cm；花瓣卵形，长和宽均为萼片的2～3倍。果长圆柱形，长4～6cm，顶端有尖头，状似辣椒，故称“山椒子”；种子卵圆形，扁平。花期3～11月；果期5～12月。

产于我国广东、香港、海南、广西。生于低海拔的灌丛或丘陵山地疏林中。

性喜光；喜温暖、湿润的环境，不耐寒。喜肥沃、疏松和排水良好的壤土。

可于春季进行播种繁殖。

紫玉盘

Uvaria microcarpa Champ. ex Benth.

别名：油椎、蕉藤

直立或攀缘灌木，高约2m。幼枝、幼叶、叶柄、花梗、苞片、萼片、花瓣、心皮和果均被星状柔毛。叶革质，长椭圆形或倒卵状椭圆形，长10～23cm，宽3.5～12.5cm，先端急尖或钝，基部心形或圆形，侧脉13对，在叶上面凹陷，下面凸起。花单朵与叶对生，暗紫红色，直径2.5～3.5cm；萼片阔卵形，长约5mm，宽约10mm；花瓣内外轮相似，卵圆形，长约2cm，宽约1.3cm。果卵圆形或短圆柱形，长1～2cm，暗紫褐色，顶端有尖头；种子圆球形。花期3～11月；果期5～12月。

产于我国广东、香港、海南、广西。生于低海拔的灌丛或丘陵山地疏林中。

性喜光；喜温暖、湿润的环境，不耐寒。喜肥沃、疏松和排水良好的壤土。

可于春季进行播种繁殖。

樟科 Lauraceae

毛黄肉楠

Actinodaphne pilosa (Lour.) Merr.

别名：刨花、胶木

乔木或灌木，高4～12m，胸径达60cm。树皮灰色或灰白色。小枝粗壮，幼时密被茸毛。叶互生或3～5片聚生成轮生状，倒卵形，先端突尖，基部楔形，革质。花单性，雌雄异株；圆锥花序腋生；雄花序长5cm，花被裂片椭圆形，具长柔毛，雄蕊9枚，退化雌蕊细小；雌花序长10cm，花被裂片有缘毛，退化雄蕊细小，雌蕊有长柔毛，花柱弯曲，柱头2裂。果球形，果托盘状。花期8～12月；果期翌年2～3月。

产于我国广东、广西和云南等地。常生于海拔500m以下的荒野丛林或混交林中。

耐半荫。速生；抗氟化氢和二氧化硫等污染能力较强。

樟科 Lauraceae

阴香

Cinnamomum burmannii (Nees et T. Nees) Bl.

别名：广东桂皮

常绿乔木，高达14m。树皮褐色，光滑，有肉桂味。叶革质，互生或近对生，卵圆形或长圆形，顶端短渐尖，基部宽楔形，离基3出脉。圆锥花序状的聚伞花序腋生或近顶生；花绿白色；花被内外两面密被灰白色微柔毛，花被筒短小；子房近球形，略被微柔毛。果卵球形，果托漏斗形，边缘具齿裂，熟时紫黑色。花期8～11月；果期11月至翌年2月。

产于亚洲东南部。我国南部有分布。

喜光。常生于肥沃、疏松、湿润而不积水的地方。自播力强，母株附近常有天然苗生长。适应范围广，中亚热带以南地区均能生长良好。

采果后堆沤几天至果肉软化后，置于水中搓洗得到种子，晾干，不能曝晒，不宜堆积，宜随采随播或沙藏。

对氯气和二氧化硫均有较强的抗性，为理想的防污绿化树种。

樟科 Lauraceae

樟树

Cinnamomum camphora (L.) Presl

别名：香樟、樟木、芳樟

常绿大乔木，高可达30m。具樟脑香气。树皮黄褐色，不规则纵裂。叶薄革质，互生，卵状椭圆形，先端急尖，基部宽楔形至近圆形，离基3出脉。圆锥花序腋生，具多花；花绿白色或黄绿色；花被外面无毛或被微柔毛，内面密被短柔毛，花被筒倒锥形，花被裂片椭圆形。浆果卵球形，熟时紫黑色。花期4～5月；果期8～11月。

产于我国东南部及中南部。

喜光，稍耐荫；喜温暖、湿润的气候，耐寒性不强；较耐水湿，但不耐干旱。对土壤要求不严，不耐瘠薄和盐碱土。具有很强的吸烟、滞尘、涵养水源、固土防沙和美化环境的能力。抗海风，能吸收多种有毒气体。

采果后浸水3日至果皮腐烂，取出揉搓除去果皮，洗净后拌草木灰24小时，除去种壳表皮的蜡层，洗净晾干，切忌曝晒，以免失水油化，可混湿沙贮藏。播种前应浸种催芽。

为亚热带地区重要的材用和特种经济树种。

樟科 Lauraceae

肉桂

Cinnamomum cassia (Linnaeus) D. Don

别名：桂、玉桂、桂枝、桂皮

乔木。叶互生，长椭圆形；叶柄粗壮，被黄色短茸毛。圆锥花序腋生或近顶生，三级分枝，分枝末端为3朵花的聚伞花序；花白色，花梗被黄褐色短茸毛；花被内外两面密被黄褐色短茸毛，花被筒倒锥形；能育雄蕊9枚，花药卵圆状长圆形；退化雄蕊3枚，位于最内轮；子房卵球形，花柱纤细，柱头小。果椭圆形，成熟时黑紫色；果托浅杯状。花期6～8月；果期10～12月。

原产于我国。广东、广西、福建等省区的热带及亚热带地区广为栽培，其中尤以广西栽培为多。

喜温暖、湿润、阳光充足的气候。适于排水良好、肥沃的砂质壤土、灰钙土或呈酸性的红色砂质壤土。

种子成熟后随采随种，或用湿沙混藏。

樟科 Lauraceae

黄樟

Cinnamomum parthenoxylon (Jack) Meisner

别名：黄槁、油樟、假樟

常绿乔木，高达20m，胸径可达40cm。树皮暗灰褐色，深纵裂。枝条粗壮，圆柱形。叶互生，革质，椭圆形卵状或长椭圆状卵形，先端尖，基部楔形，脉羽状。圆锥花序腋生或顶生于枝条上部；花小，绿带黄色；花被筒倒锥形，花被裂片宽长椭圆形；能育雄蕊9枚，成3轮排列；退化雄蕊3枚，位于最内轮，三角状心形；子房卵珠形，花柱弯曲，柱头盘状。果球形，黑色；果托狭长倒锥形，具纵长条纹。花期3～5月；果期4～10月。

产于我国华南和西南大部分省区。生于海拔1 500m以下的常绿阔叶林或灌木丛中。

喜温暖、潮湿和土壤深厚、疏松的山地。

果实成熟后应及时采收，用种子随采随播。也可进行扦插繁殖。

厚壳桂

Cryptocarya chinensis (Hance) Hemsl.

别名：香果、硬壳槁、香花桂、铜锣桂、华厚壳桂

乔木，高达20m。叶互生或对生，长椭圆形，革质。圆锥花序腋生及顶生，被黄色小茸毛；花淡黄色；花被筒陀螺形；能育雄蕊在外轮；退化雄蕊位于最内轮，钻状箭头形，被柔毛；子房棍棒状，花柱线形，柱头不明显。果球形或扁球形，熟时紫黑色，有纵棱。花期4～5月；果期8～12月。

产于我国华南地区及台湾。生于海拔300～1100m的山谷或常绿阔叶林中，在海南热带山地常绿林和热带季雨林中均有散生。

为中性树种，较多生于郁闭度不大的林中，能耐荫，更需光照；喜温暖、潮湿的气候，较耐低温。适应性强，抗大气污染。

果变为黑色时可采收，采回摊放阴干后即可播种。

为南亚热带至热带地区的乡土树种。

樟科 Lauraceae

黄果厚壳桂

Cryptocarya concinna Hance

别名：黄果桂、海南厚壳桂、常果厚壳桂

乔木，高达18m。树皮淡褐色。叶互生，椭圆状长圆形或长圆形，两侧常不相等，坚纸质。圆锥花序腋生及顶生；花被裂片长圆形；能育雄蕊9枚，花药长圆形；退化雄蕊3枚，位于最内轮，三角状披针形；子房包藏于花被筒中，长倒卵形，上端渐狭成花柱，柱头斜向截形。果长椭圆形，幼时深绿色，有纵棱12，熟时黑色或蓝黑色，纵棱有时不明显。花期3～5月；果期6～12月。

产于我国广东、广西、江西及台湾。生于海拔600m以下的谷地或缓坡常绿阔叶林中。

为中生性树种，具有较强的耐荫性，幼苗期一般需要遮荫，以后随年龄的增长对光的要求渐高。

樟科 Lauraceae

山胡椒

Lindera glauca (Sieb.et Zucc.) Blume

别名：牛筋树、野胡椒

落叶灌木或小乔木，高达8m。树皮灰白色，平滑。单叶互生，叶薄革质，长椭圆形至倒卵状椭圆形，背面苍白色，密生细柔毛，全缘，羽状脉。雌雄异株，腋生伞形花序，有短花序梗；花2～4朵呈单生，黄色；花被片6。浆果球形，熟时黑色或紫黑色。花期4月；果熟9～10月。

广泛分布于我国南、北各省区。多见于海拔900m以下的林地山坡。

阳性树种，喜光照，也稍耐阴湿；抗寒力强。以湿润、肥沃的微酸性砂质壤土生长为佳。

以种子繁育为主，也可分株繁殖。

山苍子

Litsea cubeba (Lour.) Pers.

别名：山鸡椒、山仓树

小乔木，高达10m。小枝绿色，枝叶芳香。叶互生，纸质，披针形或长圆状披针形，先端渐尖，基部楔形。花序单生或簇生，总梗细长；有花4～6朵；花被裂片宽卵形。果近球形，成熟时黑色。花期2～3月；果期7～8月。

产于我国南方各省区。常生于荒山、灌丛中或疏林内。

喜光或稍耐荫。萌芽性强，速生，结实力强。

及时采收成熟果实，收集种子，用于播种繁殖。

胶樟

Litsea glutinosa (Lour.) C. B. Rob.

别名：潺槁木姜子、潺槁树、油槁树、青野槁

常绿乔木，高达12m。叶互生，倒卵形、长圆形或椭圆状披针形，革质。伞形花序单生或几个生于短枝上，花序梗被灰黄色茸毛；花被不完全或缺；能育雄蕊通常15枚，花丝长，有灰色柔毛；退化雌蕊椭圆，无毛；雌花中子房近于圆形，无毛，花柱粗大，柱头漏斗形；退化雄蕊有毛。浆果球形，成熟时黑色。花期5～6月；果期9～10月。

产于我国广东、广西、福建及云南南部。生于海拔50～1000m的疏林中，常见于荒坡、灌丛中。

喜光，也能耐荫。对土壤的水、肥条件要求中等。生长迅速，萌生力强。

果实成熟后易遭鸟类啄食，宜及时采集。采回果实可堆沤几天，待果肉充分软化后，洗去种皮得到种子。可随采随播或润沙贮藏。

为南亚热带至热带地区的乡土树种。

樟科 Lauraceae

轮叶木姜

Litsea verticillata Hance

别名：槁木姜、槁树

常绿灌木或小乔木，高达5m。小枝灰褐色，密被黄色长硬毛；老枝褐色，无毛。叶4～6片轮生，披针形或长椭圆形，先端渐尖，基部急尖，薄革质，边缘有长柔毛。伞形花序数个集生于小枝顶部，每一花序有花数朵，淡黄色；花被裂片6，披针形；能育雄蕊9枚，花丝较长，有长柔毛；雌花子房卵形，花柱细长，柱头大，3裂。果卵形或椭圆形，顶端有小尖头，熟时黑色。花期4～11月；果期11月至翌年1月。

产于我国广东、广西和云南南部。生长于海拔1 300m以下的山谷、溪旁、灌丛或杂木林中。

可播种繁殖，在采果后堆沤数日至果肉充分软化，水中搓洗皮肉，得到净种。可随采随播或湿沙贮藏。

樟科 Lauraceae

短序润楠 >>

Machilus breviflora (Benth.) Hemsl.

别名：短序桢楠、较树、白皮槁

常绿乔木，高可达20m。叶略聚生于小枝先端，革质，倒卵形至倒卵状披针形，两面无毛。圆锥花序顶生，无毛，有长总梗，花枝萎缩，常呈复伞形花序状；花绿白色；外轮花被裂片较小；雄蕊3轮，退化雄蕊箭头形，有柄，柄上有小柔毛。果球形。花期7～8月；果期10～12月。

产于我国广东、海南、广西。生于山地或山谷阔叶混交疏林中及溪边。

较耐荫；不耐寒。

可作园林观赏树种。

樟科 Lauraceae

扁果润楠 <<

Machilus platycarpa Chun

别名：扁果楠

大乔木，高达24m，胸径可达50cm。树皮黄灰色，有纵条纹。叶革质，长圆状倒卵形或长圆状倒披针形，先端骤然渐尖，基部阔楔形；叶柄粗壮，有污暗色茸毛。总状花序顶生，被锈色茸毛；花少数，稀疏；花梗粗壮；花被裂片厚革质，长圆状椭圆形；雄蕊花丝略扁；子房球形，基部有黄毛环生。果大，扁球形，深红色。

产于我国广东西部和广西南部。生长于山地林中。

可播种繁殖。

酢浆草科 Oxalidaceae

阳桃

Averrhoa carambola Linn.

别名：杨桃、五敛子、五稔

乔木，高可达12m。树皮暗灰色，干后茶褐色。奇数羽状复叶，长10～15cm；叶柄及总轴被柔毛；有小叶5～9片，小叶卵形至椭圆形，具短柄。聚伞花序小，腋生；花萼红紫色；花瓣白色至淡紫色。浆果卵形或椭圆形，5棱，绿色或绿黄色。花期4～12月；果期7～12月。

原产于马来西亚、印度尼西亚等地，现广泛栽培于热带地区。我国广东、福建、广西、海南等地有栽培。

喜高温、多湿的气候，不耐寒和干燥。适应酸性土壤，较耐贫瘠。

种子较难收集和萌发，可采用组织培养技术进行快速繁殖。常选择茎段或茎尖为材料进行离体快速繁殖。

为我国南方地区闻名果树之一。

海桑科 Sonneratiaceae

无瓣海桑

Sonneratia apetala Buch.-Ham

乔木，高15～20m。主干圆柱形，有笋状呼吸根伸出水面；茎干灰色，幼时浅绿色。小枝纤细下垂，有隆起的节。叶对生，厚革质，椭圆形至长椭圆形，长5～8cm，宽2～3cm；叶柄淡绿色至粉红色。总状花序；花瓣缺；雄蕊多数，花丝白色；柱头蘑菇状。浆果球形，直径2～3cm；每果含种子50颗左右。花、果期几乎全年。

原产于孟加拉国。在我国华南沿海红树林有引种。

能够生于中、低潮滩涂。生长迅速。

可采用播种繁殖。

具多笋状呼吸根，是对防风固岸、促淤造陆有显著效果的树种。

瑞香科 Thymelaeaceae

土沉香

Aquilaria sinensis (Lour.) Sprengel

别名：白木香、沉香、牙香树

常绿乔木，高达15m。叶革质，互生，长卵形，长5～10cm。花芳香，黄绿色，组成伞形花序；花瓣10枚，鳞片状，密被毛；雄蕊10枚；子房卵形，2室，每室1颗胚珠。蒴果卵球形，2室，每室具有1颗种子；种子褐色，卵球形。花期5月；果期7～8月。

产于我国广东、海南、广西、福建。多生于山地雨林或半常绿季雨林中。

属中性偏阴树种，能耐荫蔽；喜温暖、湿润的气候，耐寒力稍差。宜湿润、肥沃、排水良好的壤土。

采种于6～7月。果实自行开裂时宜采收，采下果实不宜堆沤和暴露。种子忌脱水，不耐久藏，宜随采随播。

国家Ⅱ级重点保护野生植物，为渐危种。

大风子科 Flacourtiaceae

山桐子

Idesia polycarpa Maxim.

别名：山梧桐

落叶乔木，高8～21m。树干皮灰白平滑。枝条粉尘赤褐色。单叶，互生，宽卵形，长8～20cm，宽与长略等，先端锐尖或短渐尖，基部圆形或心形，掌状脉常5条，脉腋有短簇柔毛，叶缘具疏大浅锯齿；叶柄与叶片近等长，柄上具散生腺体。雌雄异株，圆锥花序顶生下垂；萼片常5枚，黄绿色；雄花有多数雄蕊，花丝白色被细毛，雄花花柱5枚，基部可见退化雄蕊。浆果，球形，直径约9cm，红色具短柄；种子细小，黑色。花期5～6月；果熟期9～11月。

产于我国华东、华中、华南、西南等17个省区。生于海拔400～2 500m山区的山坡、山洼林中。

喜阳光充足、温暖、湿润的气候，耐寒；抗旱。喜疏松、肥沃的土壤。为适应性强的速生树种。

可采用播种繁殖。

天料木科 Samydaceae

嘉赐树

Casearia glomerata Roxb.

别名：球花脚骨脆

乔木或灌木。叶薄革质，长椭圆形，顶端短渐尖，基部钝，干时呈苍黄色。花黄绿色，10朵以上簇生于叶腋，花梗被毛；花萼裂片5枚；雄蕊9～10枚，花丝被毛。果椭圆形，干后有小瘤状凸起，果柄被毛；种子多数。花期8～12月；果期10月至翌年春季。

分布于我国海南、广东、广西、福建、西藏等地。生于低海拔的山地疏林中。

喜温暖、湿润的气候，有一定的耐荫性。适生性较强。

可采种繁殖。

树形优美。

红花天料木

Homalium ceylanicum (Gardner) Bentham

别名：母生

乔木，高可达40余米，胸径可达1m。树干通直；树皮灰褐色，平滑不脱落。小枝褐色，圆柱形。单叶互生，薄革质，椭圆形，具波状锯齿。总状花序腋生，花细小，两性；花瓣宽匙形，多数，外面粉红色，里面白色；雄蕊5～6枚；子房被短柔毛，花柱4～6枚。蒴果倒圆锥形，为宿存萼片或花瓣包围。花期6月至翌年2月；果期10～12月。

产于我国西南部至东部。广东、广西和福建等地引种，生长良好。

幼树稍耐荫，大树需光性强。喜肥沃、疏松、排水良好的土壤，在干旱、瘠薄的土壤上生长不良。根系发达，抗风能力较强。

果实成熟后易脱落，应及时采种。采种后用薄膜袋或瓶罐密封贮藏，用于播种育苗。也可扦插繁殖。

为海南岛热带山地雨林和热带沟谷雨林树种。

山茶科 Theaceae

杨桐

Adinandra millettii (Hook. et Arn.) Benth. et Hook. f. ex Hance

别名：黄瑞木、毛药红淡

灌木或小乔木，高可达16m。树皮灰褐色。枝圆筒形，小枝褐色。叶互生，革质，长圆状椭圆形，全缘。花单朵腋生，花梗纤细；萼片5枚；花瓣5枚，白色，卵状长圆形至长圆形，顶端尖，外面全无毛；雄蕊约25枚；子房圆球形，3室，花柱单一。果圆球形，熟时黑色；种子多数，深褐色，有光泽，表面具网纹。花期5～7月；果期8～10月。

产于我国长江流域及以南各省区。常见于山坡路旁灌丛中、山地阳坡的疏林中或密林中及林缘沟谷地。

喜阴湿环境。喜土层深厚、疏松及腐殖质丰富的土壤。

果实成熟后采收，除去果皮，置于清水中漂洗得到干净种子，阴干后分层沙藏，用于播种繁殖。

山茶科 Theaceae

海南红楣

Anneslea fragrans Wall.

别名：海南茶梨

常绿乔木，高达12m。枝粗壮，无毛。叶革质，倒卵形至倒卵状椭圆形，全缘，两面无毛；叶柄粗壮。花簇生于枝的近顶处，花梗粗壮；花瓣厚，红白色至红色；雄蕊多数，花丝带红褐色；子房半下位。果长圆形至卵圆形，红黄色。花期11～12月；果期翌年7～8月。

产于我国海南、广东和广西。生于沟谷林中和灌丛中。

油茶

Camellia oleifera Abel

别名：茶油树、白花茶

常绿小乔木。嫩枝有粗毛。叶革质，椭圆形或倒卵形，先端尖，基部楔形，边缘有细锯齿；叶柄有粗毛。花顶生；苞片与萼片约10片，阔卵形；花瓣白色，5～7枚，倒卵形，先端凹入或2裂。蒴果球形，3爿或2爿裂开，木质。花期冬春间；果期9～10月。

分布于我国淮河—秦岭以南至北回归线以北之间，长江以南各省区有栽培。

喜温暖，忌寒冷。对土壤要求不甚严格，一般适宜土层深厚的酸性土，而不适于石块多和土质坚硬的地方。

采果后摊放通风处至蒴果开裂，剥取种子，忌日晒，忌脱水，即播或沙藏。

山茶科 Theaceae

广宁红花油茶>>

Camellia semiserrata Chi

别名：华南红山茶、广宁油茶

小乔木，高8～12m，胸径30cm。叶革质，椭圆形或长圆形。花顶生，红色，无柄；花瓣6～7枚，红色，阔倒卵圆形；雄蕊排成5轮；子房被毛。蒴果卵球形，果皮厚木质，熟时红褐色。

分布于我国广东、广西。生于海拔200～800m的山地林间。适生于较低海拔的丘陵山地。

稍耐荫；喜温暖。适应性较广，抗性较强。幼年株生长较慢。

果实成熟时及时采收，采回后在通风阴凉处摊开，待果实开裂，取出种子，忌日晒，忌脱水，可即播或沙藏。

山茶科 Theaceae

茶<<

Camellia sinensis (Linnaeus) Kuntze

别名：茗

常绿小乔木。叶革质，长圆形或椭圆形，先端钝或尖锐，基部楔形，上面发亮，边缘有锯齿。花1～3朵腋生，白色；萼片5枚，阔卵形至圆形，宿存；花瓣5～6枚，阔卵形；子房密生白毛；花柱无毛，先端3裂。蒴果3球形或1～2球形，每球有种子1～2颗。花期10月至翌年2月；果期8～10月。

原产于我国。长江流域及以南各省区有分布和栽培。

耐荫；喜温暖、湿润的气候。适生于土层深厚而排水良好的酸性至中性土壤。

米碎花

Eurya chinensis R. Br.

别名：岗茶

常绿灌木。茎皮褐色平滑；多分枝，嫩枝具2棱。叶薄革质，倒卵形或倒卵状椭圆形，边缘密生细锯齿，上面鲜绿色，有光泽，下面浅绿色。花数朵簇生于叶腋，单性；雄花萼片5枚，卵圆形或卵形，无毛，花瓣5枚，白色，倒卵形，雄蕊15枚，退化子房无毛；雌花花瓣5枚，卵形，子房卵圆形，无毛，花柱顶端3裂。果实圆球形，成熟时紫黑色；种子肾形，稍扁，黑褐色，有光泽，表面具细蜂窝状网纹。花期11～12月；果期翌年6～7月。

产于我国云南、贵州、广东、广西、福建等省区。生于海拔800m以下的低山丘陵山坡灌丛或沟谷灌丛中。

喜温暖、阴湿的环境。对土壤要求酸性。萌蘖力强，耐修剪整形。

用播种法、扦插法或分株法繁殖。

山茶科 Theaceae

大头茶

Polyspora axillaris (Roxburgh ex Ker Gawler) Sweet

别名：台湾山茶

常绿小乔木，高达8m，胸径30cm。叶厚革质，倒披针形，全缘；叶柄粗大。花生于枝顶叶腋，白色；萼片卵圆形；花瓣5枚，最外1枚较短，其余4枚阔倒卵形或心形。蒴果长圆形，熟时绿褐色，5爿裂开；种子菱形，骨质，光滑。花期11月至翌年1月；果期9～10月。

产于我国长江以南至台湾，于广东中部至南部及海南。自然生长于海拔500～1000m的山谷、溪地、林地。

喜光；喜温暖、湿润的气候。喜肥沃和排水良好的壤土。抗风力强，抗大气污染。

果熟时采收，采回后摊开至果开裂，取出种子，即可播种或沙藏。

为南亚热带地区的乡土树种。

山茶科 Theaceae

荷木

Schima superba Gardn. et Champ.

别名：木荷、何树

常绿乔木，高达30m。树皮深褐色，纵裂。叶互生，革质或薄革质，椭圆形，边缘有钝齿。花生于枝顶叶腋，常多朵排成总状花序；花白色，纤细，芳香；花瓣最外1枚风帽状；子房有毛。蒴果近球形，5裂；种子肾形，边缘有翅。花期6～8月。

主要分布于我国长江以南海拔400～1 500m的丘陵山地。

幼树能耐荫，大树则喜光；适生于夏季炎热、冬季温暖的气候；较耐干旱。对土壤的适应性强，凡酸性土壤都能生长，但在土层较疏松、呈酸性反应的砂质壤土上生长良好，在肥沃、湿润的土地上生长较快，耐瘠薄。生长速度中等；结实量大，萌芽更新能力强，在火烧迹地、采伐迹地和荒山，都能天然下种和萌芽更新。

当蒴果呈黄褐色时果壳开裂，即可采摘。采回的果实先堆放几天，然后摊晒取种。

在天然林中多与马尾松或樟科、壳斗科等常绿阔叶林树种混交成乔木林。为防火树种。

红荷木

Schima wallichii (Candolle) Korthals

别名：红木荷、峨眉木荷、西南木荷、红毛木树、毛木树

常绿乔木，高达30m，胸径80cm。干形通直。顶芽密被白色茸毛。小枝灰褐色，密生白色皮孔；幼枝被黄色柔毛，具纵向条纹。叶革质，阔椭圆形至椭圆形，先端急尖，基部阔楔形，全缘，叶面深绿色，无毛，背面干后淡绿色至黄褐色，疏生平伏柔毛或变无毛，沿中脉被开展柔毛，中脉在叶面凹陷，背面隆起，和网脉在两面凸起；叶柄被灰黄色柔毛。花生于小枝上部叶腋，单生或2～3朵簇生于叶腋，白色，芳香，疏被灰黄色柔毛，常具白色皮孔；小苞片2片，早落；萼片半圆形或星月形，外面无毛或近基部被灰黄色柔毛，边缘具睫毛；花瓣阔倒卵形，先端圆形，外面近基部被柔毛；雄蕊无毛，花丝基部与花瓣贴生；子房圆球形，中下部被灰黄色茸毛，上部无毛，5室，花柱1枚。蒴果圆球形，褐色，具白色凸起的小皮孔，成熟后5瓣裂，每室有2颗种子；种子肾形。花期4～5月；果期11～12月。

产于我国云南和贵州西南部、广西西部。分布于印度、尼泊尔、印度尼西亚及中南半岛等地。生于海拔300～1 800m的常绿阔叶林或混交林中。

喜光，幼龄林有一定的耐荫性；耐干旱。喜酸性土壤，耐瘠薄。落叶量大，较易腐烂，能改良土壤。红荷木比荷木更耐干旱、瘠薄环境，更速生。萌芽力强。

一般种子繁殖。采种于12月至翌年2月成熟期，蒴果自行开裂，种子随即飞散，采种后可播种或干藏，但贮藏时间不要超过3个月。

在南亚热带低山丘陵地区可作为荒山造林先锋树种，由于红荷木抗火力强，是营造防火林带的优良树种。

山茶科 Theaceae

石笔木

Tutcheria championi Nakai

常绿乔木。树皮灰褐色。嫩枝略有微毛。叶革质，椭圆形或长圆形，先端尖锐，基部楔形，上面干后黄绿色，稍发亮，下面无毛,边缘有疏锯齿。花单生于枝顶叶腋，白色,直径5～7cm；花瓣5枚，倒卵圆形；子房3～6室，有毛，花柱连合，顶端多裂。蒴果球形，直径5～7cm，由下向上开裂，5爿；种子肾形，长1.5～2cm。花期6月；果期9～11月

产于我国广西、广东和海南。

喜温暖、湿润的环境。

可于春节播种繁殖。

山茶科 Theaceae

六瓣石笔木

Tutcheria hexalocularia Hu et Liang ex H. T. Chang

乔木，高达12m。嫩枝粗大，无毛。叶革质，椭圆形，先端略尖，基部钝，上面发亮，下面浅绿色，边缘有疏锯齿。花单生于枝顶叶腋，黄色；花瓣6枚，倒卵圆形；子房3～6室，有毛，花柱连合，顶端多裂。蒴果扁球形，6室，6开裂，每室有1～3颗种子；种子有棱角。

产于我国广西、广东和海南。生于海拔700m左右的杂木林中。

喜温暖、湿润的环境。

柠檬桉

Eucalyptus citriodora Hooker

大乔木，高达28m。树干挺直；树皮光滑，灰白色，大片状脱落。幼态叶片披针形，有腺毛，基部圆形，叶柄盾状着生；成熟叶片狭披针，稍弯曲，两面有黑腺点，揉之有浓厚的柠檬气味；过渡性叶阔披针形。圆锥花序腋生；花梗有2棱；雄蕊排成2列，花药椭圆形，背部着生。蒴果壶形，果瓣藏于萼管内。花期4～9月。

原产于澳大利亚东部及东北部无霜冻的海岸地带。我国广东、广西及福建南部有栽种，尤以广东最常见，多作行道树。

夏雨型树种，对温度极为敏感，喜高温、多湿的气候，不耐低温。对土壤要求不严，喜湿润、深厚和疏松的土壤，在一般酸性土或土层深厚而疏松、排水良好的红壤、砖红壤性红壤、黄壤和冲积土上均生长良好。

桃金娘科 Myrtaceae

窿缘桉

Eucalyptus exserta F. Mueller

别名：小叶桉、风吹柳

常绿乔木，高达18m。树皮粗糙，有纵沟，灰褐色。嫩枝有钝棱，纤细，常下垂。幼态叶对生，叶片狭窄披针形；成熟叶片狭披针形，两面多微小黑腺点。伞形花序腋生，有花数朵，总梗圆形；雄蕊长药室平行，纵列。蒴果近球形，果瓣4。花期5～9月。

原产于澳大利亚东部沿海及内地较干旱地区。我国华南各地广泛栽种，在广东雷州半岛有较大面积的造林试验，并获得初步成效。

可生长于多种地形条件下，从海滨低地、丘陵缓坡到内陆低丘、低山及山脊均可；土壤类型从贫瘠沙土和粗骨土到火山岩发育的土壤亦行，但在冲积土形成的较黏重的壤土上生长最好。

桃金娘科 Myrtaceae

大叶桉

Eucalyptus robusta Smith

别名：桉

常绿乔木，高达15m。树皮粗糙，不剥落，有槽纹，棕色。小枝初生时淡红色，渐变为褐色。叶互生，革质，卵状披针形，侧脉横列。伞形花序腋生或侧生，有花5～10朵；总花梗粗而扁；花萼帽状肥厚。蒴果倒卵形至壶形，果瓣3～4。花期4～9月。

原产于澳大利亚。我国西南部和南部有栽培。

喜光；喜温暖、湿润的气候，抗热，畏寒，对低温很敏感；耐旱。适应各种土壤，最适宜肥沃的冲积土。

选择健壮母树采种。将果置于阳光下曝晒，并翻动敲打至果开裂，脱出种子，袋装置于通风干燥处贮藏，或装箱置于冷库贮藏。

桃金娘科 Myrtaceae

尾叶桉>>

Eucalyptus urophylla S. T. Blake

常绿乔木，高可达60m，胸径2m。树干通直饱满；下半部树皮粗糙，红棕色，上部树皮灰白色平滑，呈薄片状脱落。叶披针形，成熟叶片顶端呈尾状，叶脉清晰，侧脉稀疏平行。花序腋生，花5～7朵或更多。果杯状，成熟后暗褐色；果盘内陷，果瓣4～5裂。

原产于印度尼西亚的一些岛屿。我国广东、海南、广西等省区有大面积栽培。

喜光；不耐霜冻。喜湿润、肥沃、疏松的土壤，能耐干旱和瘠薄；在我国的热带、南亚热带地区低山、丘陵具有较强的适应性，能适应铁质砖红壤、赤红壤、山地赤红壤等多种立地类型。

为热带、亚热带速生树种。

桃金娘科 Myrtaceae

白千层<<

Melaleuca cajuputi Powell subsp. *cumingiana* (Turczaninow) Barlow

别名：脱皮树、相思仔

乔木，高达18m。树皮灰白色，厚而松软，呈薄层状剥落。叶互生，革质，披针形，两端尖，基出脉数条，香气浓郁。花白色，密集于枝顶成穗状花序；萼管卵形，萼齿5个；花瓣5枚，卵形；雄蕊常5～8枚成束；花柱线形。蒴果近球形，顶端开裂；种子近三角形。花期每年多次。

原产于澳大利亚。我国广东、台湾、福建、广西等地均有栽种，常作行道树。

喜高温，不耐寒；稍耐干旱。喜肥沃土壤。

桃金娘科 Myrtaceae

番石榴

Psidium guajava Linn.

常绿小乔木或灌木，高5～12m。树皮绿褐色、光滑。单叶对生，革质，长椭圆形或长卵形，背面有茸毛，中肋侧脉隆起。花单生或2～3朵聚生于叶腋；萼筒钟状，萼帽圆形；花瓣白色。浆果卵形、梨形或球形，成熟时淡黄或粉红色；种子多数，小而坚硬。花、果期不确定。

原产于美洲热带。我国华南各地有栽培，并常见有逸为野生种。

喜阳光充足；喜温暖，怕霜；耐旱亦耐湿。对土壤水分要求不严，但以肥沃、湿润的微酸性土壤最为适宜。

采果后除去果肉，将果实中心的肉质胎座带种子堆沤2天，袋装置于水中搓洗，得到纯净种子。播种前种子应消毒，药剂浸种数分钟，沥干洗净，晾干即可播种。也可通过扦插、压条、嫁接方式繁殖，我国普遍以高枝压条繁殖为主。

桃金娘科 Myrtaceae

桃金娘

Rhodomyrtus tomentosa (Ait.) Hassk.

别名：岗棯

灌木，高1～2m。叶对生，革质，叶片椭圆形或倒卵形，离基3出脉。花有长梗，常单生，紫红色；花瓣5枚，倒卵形；雄蕊红色；子房下位，3室。浆果卵状壶形，熟时紫黑色；种子每室2列。花期4～5月；果期8～9月。

产于我国福建、台湾、广东、广西、海南、云南等地。多生长于红壤上丘陵地灌丛或草坡上，深山密林区少，浅山区多。

阳生性强；喜高温、高湿的环境，对冬季温度要求较严，在10℃以下停止生长，在霜冻出现时不能安全越冬。为酸性土指示植物。

以种子繁殖为主，随采随播，也可取当年生枝条扦插繁殖。

花粉丰富，没有蜜，为夏季粉源植物；果实逐渐成熟，香甜，可以生吃，也可以用来酿酒，有补虚健肾的功效；根含鞣质；叶可入药。

桃金娘科 Myrtaceae

黑嘴蒲桃>>

Syzygium bullockii (Hance) Merr. et Perry

灌木或小乔木，高达5m。叶片革质，椭圆形至卵状长圆形；叶柄极短，近于无柄。圆锥花序顶生，多分枝；多花，花小；萼管倒圆锥形，萼齿波状；花瓣连成帽状体；花丝分离。果实椭圆形。花期3～8月。

产于我国广东西部及海南、广西西部。喜生于平地次生林。喜生于溪边或谷旁。

能耐一定的庇荫。

种子繁殖，随采随播。

野牡丹科 Melastomataceae

多花野牡丹<<

Melastoma affine D. Don

别名：山甜娘、酒瓶果

灌木，高约1m。茎四棱形或近圆柱形。分枝多，密被鳞片状毛。叶片坚纸质，卵状披针形或近椭圆形，顶端渐尖，基部圆形或近楔形，叶面密被毛，基出脉5，在叶面凹陷，叶背凸起。伞房花序生于分枝顶端，近头状，有花10余朵以上；花瓣粉红色至红色，稀紫红色，倒卵形。蒴果坛状球形，顶端平截。花期2～5月；果期8～12月。

产于我国广东、广西、贵州、云南、台湾等地。生于海拔300～1 830m的山坡、山谷林下、疏林下湿润或干燥的地方，或刺竹林下灌草丛中、路边、沟边。

喜高温、高湿的气候。为酸性土的指示植物，喜肥沃、湿润土壤。

可通过种子、分株或扦插进行繁殖，于春、夏两季进行。

野牡丹科 Melastomataceae

野牡丹

Melastoma candidum D. Don

别名：大金香炉、猪古稔

灌木，高达1.5m。茎钝四棱形或近圆柱形，密被紧贴的鳞片状粗伏毛。叶片坚纸质，卵形或广卵形，基出脉7，两面被粗伏毛及短柔毛。伞房花序生于分枝顶端，近头状；基部具叶状总苞2个；苞片披针形或狭披针形，密被鳞片状粗伏毛；花瓣玫瑰红色或粉红色，倒卵形；子房半下位，密被粗伏毛，顶端具1圈刚毛。蒴果坛状球形，密被鳞片状粗伏毛；种子镶于肉质胎座内。花期5～7月；果期10～12月。

产于我国云南、广西、广东、海南、福建、台湾。生于海拔约120m以上的山坡松林下或开阔的灌草丛中。

喜阳，但忌阳光直射，在夏季栽培管理时特别注意遮阳，遮光率需达50%左右；生长适温为17～30℃，耐寒性较差；喜湿润或阴湿的环境。喜疏松、肥沃、富含有机质、透气良好的微酸性或酸性土壤，是酸性土常见的植物。

可通过种子、分株或扦插进行繁殖。在自然条件下，种子发芽成活率低。

为较好的观赏植物。

毛稔

Melastoma sanguineum Sims

别名：甜娘、开口枣、大红英

大灌木，高达1.5～3m。全身被紫色的长粗毛。叶片厚纸质，卵状披针形至披针形，顶端长渐尖，基部钝或圆形，基出脉5，两面被糙伏毛。伞房花序顶生，常有花3～5朵，大而美丽；苞片戟形，膜质，顶端渐尖，密被糙伏毛；花瓣粉红色或紫红色，广倒卵形；子房半下位，密被刚毛。果杯状球形，宿存萼密被红色长柔毛；种子镶于肉质胎座内。花、果期几乎全年，通常8～10月为盛。

产于我国广东、广西、海南。生于海拔约400m以下的山地，常见于坡脚、沟边、湿润的草丛或矮灌丛中。

忌阳光直射；喜温暖至高温的气候和阴湿的环境。喜肥沃的酸性土壤。

可通过种子、分株或扦插进行繁殖，于春季进行。

野牡丹科 Melastomataceae

谷木

Memecylon ligustrifolium Champ. ex Benth.

别名：角木、鱼木、壳木

大灌木或小乔木，高1.5～5m。叶片革质，椭圆形至卵形，或卵状披针形，全缘，两面无毛，粗糙。聚伞花序，腋生或生于落叶的叶腋；花瓣白色或淡黄绿色，或紫色，半圆形，顶端圆形；雄蕊蓝色，药隔膨大呈圆锥形。浆果状核果球形，密布小瘤状凸起。花期5～8月；果期12月至翌年2月。

产于我国云南、广西、广东、海南、福建。生于海拔160～1 500m的密林下。

红树科 Rhizophoraceae

竹节树

Carallia brachiata (Lour.) Merr.

别名：鹅肾木、鹅唇木、气管木、山竹公、山竹犁

乔木，高7～10m，胸径20～25cm。基部有时具板状支柱根。树皮光滑，灰褐色。叶矩圆形、椭圆形至披针形或近圆形，全缘；叶柄粗而扁。花序腋生；花小，基部有浅碟状的小苞片；花萼钟状；花瓣白色，近圆形，边缘撕裂状；雄蕊长短不一；柱头盘状，浅裂。果实近球形，顶端冠以短三角形萼齿。花期冬季至翌年春季；果期春、夏季。

产于我国广东、广西、海南及沿海岛屿。生于低海拔至中海拔的丘陵灌丛或山谷杂木林中，有时村落附近也有生长。

偏阳性。对土壤要求不苛刻，在岩石裸露的溪旁也能正常生长。生长较慢。

红树科 Rhizophoraceae

秋茄树

Kandelia obovata Sheue, H. Y. Liu et J. W. H. Yong

别名：水笔仔、蜡烛果

乔木或灌木，高2～3m。在海浪较大的地方，支柱根特别发达。叶椭圆形，先端圆钝，叶脉不明显。聚伞花序腋生；花瓣白色；雄蕊多数；胚轴长12～20cm，状似蜡烛，故又名“蜡烛果”。果圆锥状。花、果期几乎全年。

产于我国广东、广西、海南、福建、台湾等地。生于浅海和河流出口冲积带的盐滩。

耐淹、耐盐。抗风性强。

因其为胎生植物，果实离开母树前已萌发，所以可收集成熟果实进行插播。栽培时，淡水需经处理后才能使其适应在淡水中生长，土壤保持湿润，并须适加海盐。

红树科 Rhizophoraceae

红海兰

Rhizophora stylosa Griff.

别名：鸡爪榄、厚皮

乔木，高达8m。有发达的支柱根。树干红色或灰色。叶椭圆形或矩圆状椭圆形，长6.5～11cm，宽3～5.5cm，顶端凸出或钝短尖，基部阔楔形。总花梗从当年生的叶腋长出，有花2至多朵，具短梗；基部有合生的小苞片；花萼裂片淡黄色；花瓣密被白色长毛。花、果期秋、冬季。

产于我国广东、广西、海南、台湾。生于海边潮水涨落的污泥滩上。

耐水淹和盐碱，喜肥沃、深厚的淤泥。

可进行播种繁殖，管理粗放，具支柱根后不宜移栽。

金丝桃科 Hypericaceae

黄牛木

Cratoxylum cochinchinense (Lour.) Bl.

别名：雀笼木、黄牛茶、黄芽木

落叶灌木或乔木，高1.5～18m。树干下部有簇生的长枝刺。叶纸质，椭圆形至长椭圆形。聚伞花序腋生或腋外生及顶生；花粉红、深红至红黄色，花瓣5枚；雄蕊肉质，合生成3束；子房上位，圆锥状。蒴果椭圆形棕色，无毛；种子倒卵形基部具爪，不对称，一侧具翅。花期4～5月；果期6月以后。

产于我国广东、广西、海南及云南南部。常见散生在干燥阳坡上的次生灌木群落中。

喜光树种，幼苗、幼林期均不耐荫。天然下种繁殖力强，有顽强的耐旱力和萌芽力，但自然生长缓慢。

采种应选择生长健壮的母树，蒴果变为褐色时即为成熟，应及时采摘。采回后晾晒数天至蒴果开裂种子自然脱落，去除杂物，装入布袋或塑料袋内干藏，存放于通风阴凉处。

属热带、亚热带低海拔半落叶季雨林树种。

藤黄科 Guttiferae

多花山竹子

Garcinia multiflora Champ. ex Benth.

别名：山竹子

乔木，高达20m。树皮灰白色，粗糙。叶片革质，卵形或长圆状卵形。花杂性，同株；雄花序成聚伞状圆锥花序式，有时单生，总梗和花梗具关节，萼片2大2小，花瓣橙黄色，倒卵形，花丝合生成4束，每束花药约50枚，聚合成头状；退化雌蕊柱状，柱头盾状4裂；雌花序有雌花1～5朵，退化雄蕊束短，子房长圆形，无花柱，柱头大而厚。果卵圆形至倒卵圆形，成熟时黄色；种子椭圆形。花期6～8月；果期11～12月。

分布于我云南、四川、江西、福建、广西等省区海拔2 000m以下的山区。

中性偏阳树种，幼树较耐荫，成年树需充足阳光。适生于花岗岩、页岩发育成的酸性至强酸性土壤，不能在石灰岩地区生长。

果实变黄色、果肉变软时采种。采回后堆沤2～3天，在水中搓洗去果皮、果肉，种子洗净晾干，忌晒，可用湿润沙藏法贮藏。

为热带山地常绿阔叶林的乡土树种。在天然中居第二、三层，常与其他种伴生。

藤黄科 Guttiferae

岭南山竹子

Garcinia oblongifolia Champ. ex Benth.

别名：海南山竹子、岭南倒捻子、竹节果、黄牙桔

常绿乔木，高可达15m，胸径可达40cm。老枝通常具断环纹。叶片近革质，长圆形、倒卵状长圆形至倒披针形。花小，单性，单生或成伞形聚伞花序；雄花花瓣橙黄色或淡黄色，倒卵状长圆形，雄蕊多数，合生成1束，花药聚生成头状，无退化雌蕊；雌花的萼片、花瓣与雄花相似，退化雄蕊合生成4束，子房卵球形，无花柱，柱头盾形，隆起，辐射状分裂，上面具乳头状瘤凸。浆果卵球形或圆球形。花期4～5月；果期10～12月。

产于我国广东、广西和海南。生于海拔200～800m的低山丘陵台地。

属阳性树种。喜微酸性至酸性土壤，对肥力要求不高。

当果变黄绿色时可采收。采回后果实堆沤2～3天，待果肉腐烂后洗去果皮、果肉，取得种子，即播或稍阴干后混细沙层积贮藏，贮藏时间不宜超过3个月。

适宜庭园绿化种植，或与其他树种营造混交林。

杜英科 Elaeocarpaceae

水石榕

Elaeocarpus hainanensis Oliv.

别名：海南胆八树、水柳树

小乔木。树冠宽广。叶革质，狭窄倒披针形，先端尖，基部楔形。总状花序，有花数朵；花较大，花瓣白色，倒卵形，外侧有柔毛，先端撕裂；雄蕊多数，药隔凸出呈芒刺状；花盘多裂。核果纺锤形，内果皮坚骨质，表面有浅沟，1室。花期6～7月。

产于我国海南和广西南部、云南东南部。喜生于低湿处及山谷水边。

喜半荫；喜高温、多湿的气候；不耐寒；不耐干旱，喜湿但不耐积水。须植于湿润且排水良好之地，土质以肥沃和富含有机质的壤土为佳。深根性，抗风力较强。

种子采后即播。

杜英科 Elaeocarpaceae

毛果杜英

Elaeocarpus rugosus Roxb.

别名：尖叶杜英

常绿乔木，高达30m。小枝粗大，有灰褐色柔毛。叶革质，倒卵状披针形。总状花序生于枝顶腋内，有花数朵，花序轴被褐色柔毛；萼片6枚，狭披针形，外面被褐色柔毛；花瓣倒披针形，内外两面被银灰色长毛，先端数裂；雄蕊多数，顶端有芒刺；花盘5浅裂；子房被毛，3室。核果椭圆形，有褐色茸毛。花期8～9月；果实冬季成熟。

产于我国云南南部和广东、海南。中南半岛及马来西亚也有分布。生于低海拔的山谷。

幼树能耐荫，大树喜光；喜湿气丰沛、温暖的气候，能耐轻霜及0℃左右的短期低温。对土壤要求不严，一般肥力中等的山坡中下部，可成中大径材。

采果后置水中浸泡至果皮软化，搓去皮肉，洗净，阴干，忌日晒，忌脱水，种子有后熟期，宜湿沙贮藏催芽。

杜英科 Elaeocarpaceae

山杜英

Elaeocarpus sylvestris (Lour.) Poir.

别名：杜英

乔木，高达20m。叶纸质，狭倒卵形，顶端稍钝，基部窄楔形，边缘有钝齿。总花序长4～6cm；萼片披针形，花瓣顶端撕裂；雄蕊多数；花盘5裂，被白毛；子房2～3室。核果椭圆形，绿色，内果皮表面有腹沟3条。花期4～5月；果期9～12月。

产于我国广东、海南、广西、福建、浙江等南方大部分省区。

稍耐荫；喜温暖、湿润的气候，耐寒性不强。适生于酸性之黄壤和红黄壤山区，若在平原栽植，必须排水良好。对二氧化硫抗性强。

果熟应及时采收，采后置水中浸泡2天至果皮软化，搓去果皮、果肉，得到种子，晾干，即可播种或沙藏。

梧桐科 Sterculiaceae

蝴蝶树 >>

Heritiera parvifolia Merr.

别名：小叶达里木、加卜

常绿乔木，高达30m，胸径80cm。叶椭圆状披针形，上面无毛，下面密被银白色或褐色鳞秕。圆锥花序腋生，密被锈色星状短柔毛；花小，白或黄色，两面均有星状短柔毛，裂片矩圆状卵形。果有长翅，翅鱼尾状，密被鳞秕，成熟时黄锈色，果皮革质；种子椭圆形。花期5～6月；果期8～9月。

海南特产，为五指山一带山地热带雨林的主要树种，常为最上层树种，有明显的板状根基。

喜湿润、温暖而蒸发量微弱的背风密荫环境。自然生长缓慢。

种子完全成熟时易被虫蛀食，因此要选在刚成熟时进行采摘。采回后将果翅摘除，最好随采随播。播种前用清水浸泡种子24小时后阴干，再进行播种。

为国家Ⅱ级重点保护野生植物。

梧桐科 Sterculiaceae

翻白叶树 <<

Pterospermum heterophyllum Hance

别名：半枫荷、异叶翅子木

常绿乔木。小枝被褐色或褐色短柔毛。叶革质，二型，生于幼树或萌蘖枝上的叶盾形，掌状3～5裂，下面密被褐色星状短柔毛。花单生或2～4朵组成腋生的聚伞花序；萼裂片条形；花瓣白色，倒披针形；雌雄蕊合柄，雄蕊15枚，每3枚组成一组；子房卵圆形，被毛。蒴果木质，距圆状卵形，被黄褐色茸毛；种子具膜质翅。花期6～7月；果期8～12月。

产于我国广东，海南、福建、广西等地。多生在山坡较开阔的疏林内或林缘。

生性喜光，不耐荫。适生土壤为砖红壤性红壤。

采果后曝晒至果裂，抖出种子，搓去种翅，晒干后干藏。

梧桐科 Sterculiaceae

两广梭罗

Reevesia thyrsoidea Lindley

别名：复序利末花

常绿乔木。树皮灰褐色。叶革质，矩圆形或椭圆形，顶端尖，基部钝，两面均无毛；叶柄两端膨大。聚伞状伞房花序顶生，被毛，花密集；花萼钟状5裂；花瓣5枚，白色，匙形；雌雄蕊柄顶端有花药多数；子房圆球形，5室，被毛。蒴果矩圆状梨形，有5棱；种子带翅。花期3～4月。

产于我国广东、海南、广西和云南等地。生于海拔500～1 500m的山坡上或山谷溪边。

梧桐科 Sterculiaceae

假苹婆

Sterculia lanceolata Cav.

别名：鸡冠木、赛苹婆

常绿乔木，高达20m。树冠广阔。小枝幼时被毛。叶椭圆形至椭圆状披针形，长9～20cm，宽3.5～8cm，顶端急尖，基部钝或圆形，侧脉每边7～9条。圆锥花序腋生，长4～10cm，密集多分枝；花淡红色；萼片5枚，仅于基部连合，向外开展如星状。蓇葖果鲜红色，长卵形或长椭圆形，长5～7cm，宽2～2.5cm，顶端有喙，基部渐狭；种子黑褐色，椭圆状卵形，直径约1cm。花期4～6月；果期秋季。

产于我国广东、广西、海南、云南、贵州、四川等地。生于山地林中或山谷溪旁，在华南地区山野间十分常见。

不耐荫；喜温暖、湿润的环境，不耐寒。对土质要求不高，但以土层深厚的砂质壤土最佳。

可通过播种、扦插或高压繁殖。

大戟科 Euphorbiaceae

土蜜树

Bridelia tomentosa Bl.

别名：夹骨木、逼迫仔

灌木或小乔木，通常高2～5m，稀达12m。叶纸质，长圆形、长椭圆形或倒卵状长圆形，叶面粗涩，叶背浅绿色。花雌雄同株或异株，簇生于叶腋；雄花花梗极短，萼片三角形，花瓣倒卵形，退化雌蕊倒圆锥形，花盘浅杯状；雌花几无花梗，萼片三角形，花瓣倒卵形或匙形，花盘坛状，包围子房，子房卵圆形，花柱2深裂，裂片线形。核果近圆球形，2室；种子褐红色，长卵形，腹面压扁状，有纵槽，背面稍凸起，有纵条纹。花、果期几乎全年。

产于我国福建、台湾、广东、海南、广西和云南。生于海拔100～1 500m的山地疏林中或平原灌木林中。

耐旱。耐瘠，对土质的要求不高。

种子繁殖，随采随播。

大戟科 Euphorbiaceae

海漆

Excoecaria agallocha L.

常绿灌木或乔木，高2～3m。枝无毛，具多数皮孔。叶互生，厚，近革质，叶片椭圆形或阔椭圆形，长6～8cm，宽3～4.2cm，顶端渐尖，基部钝圆或阔楔形，两面无毛，叶面深绿色，叶背稍浅，腹面光滑；叶柄粗壮，顶部有2枚圆形腺体。花单性，雌雄异株，聚集成总状花序，雄花序长3～4.5cm，雌花序较短。蒴果球形，具3沟槽，长7～8mm；种子球形，直径约4mm。花、果期1～9月。

产于我国广东、广西、海南和台湾。生于滨海潮湿处。

喜光和高温、高湿气候，但不抗寒。耐盐碱。

可进行播种或扦插繁殖。

大戟科 Euphorbiaceae

白背算盘子

Glochidion wrightii Benth.

灌木或乔木，高1～8m。叶片纸质，顶端渐尖，基部急尖，两侧不等，叶面绿色，叶背粉绿色，干后灰白色。雌花或雄花同生于叶腋内；雄花萼片6枚，黄色，雄蕊3枚，合生；雌花几无花梗，萼片6枚，子房3～4室，花柱合生，呈圆柱状。蒴果扁球状，红色，顶端有宿存的花柱。花期5～9月；果期7～11月。

产于我国华南及西南地区。生于低海拔的山地疏林或灌木林中。

喜高温、多湿的气候；耐旱。耐贫瘠。

可播种或扦插繁殖。

大戟科 Euphorbiaceae

香港算盘子>>

Glochidion zeylanicum (Gaertn.) A. Juss.

灌木。全株无毛。叶革质，长圆形至卵形。花簇生成花束，雌雄花分别生于小枝的上下部；雄蕊5～6枚，合生；花柱合生呈圆锥状，子房圆球形。蒴果扁球形，边缘具多条纵沟。花期3～8月；果期7～11月。

产于我国华南及西南地区。生于低海拔的山谷、平地潮湿处或灌木丛中。

喜光；喜湿，耐旱。耐贫瘠，在排水良好的壤土或砂质壤土上生长最佳。生性强健，可粗放管理。

可播种或扦插繁殖，春、夏季为适期。

大戟科 Euphorbiaceae

血桐<<

Macaranga tanarius (Linn.) Muell. Arg. var. *tomentosa* (Blume) Muell. Arg.

别名：流血桐

乔木，高达10m。叶纸质，卵圆形。雄花序圆锥状，苞片卵圆形，边缘流苏状，被柔毛，苞腋具花数朵，雄花萼片3枚，疏生柔毛，雄蕊数枚；雌花序圆锥状，苞片卵形，叶状，边缘条裂，雌花花萼2～3裂，子房2～3室，具软刺数枚，花柱2～3枚，疏生小乳头。蒴果具2～3个分果爿，具数枚软刺；种子近球形。花期4～5月；果期6月。

产于我国台湾和广东。分布于日本及东南亚。生于沿海低山灌木林或次生林中。

喜光；喜高温、湿润的气候。耐盐碱。生存力甚强，抗风；抗大气污染。

大戟科 Euphorbiaceae

白楸

Mallotus paniculatus (Lum.) Muell. Arg.

别名：力树、黄背桐、白叶子

乔木或灌木，高3～15m。树皮灰褐色，近平滑。小枝被褐色星状茸毛。叶互生，卵形、卵状三角形或菱形。花雌雄异株，总状花序或圆锥花序，分枝广展，顶生。蒴果扁球形，具3个分果爿，被褐色星状茸毛和疏生钻形软刺，具毛；种子近球形，深褐色，常具皱纹。花期7～10月；果期11～12月。

产于我国云南、贵州、广西、广东、海南、福建。生于海拔50～1 300m的林缘或灌丛中。

不耐荫，不宜在树林中种植。

繁殖方式为采种育苗。

大戟科 Euphorbiaceae

越南叶下珠

Phyllanthus cochinchinensis (Lour.) Spreng.

灌木，高达3m。茎皮黄褐色或灰褐色；小枝具棱。叶互生或3～5片着生于小枝凸起处，叶片革质，倒卵形、长倒卵形或匙形。花雌雄异珠，1～5朵着生于叶腋垫状凸起处；雄花通常单生，雄蕊3枚，花丝合生成柱；雌花单生或簇生，花盘近坛状，包围子房约2/3，子房圆球形，花柱3枚。蒴果圆球形，具3纵沟；种子外种皮膜质，橙红色，易剥落，上面密被稍凸起的腺点。花、果期6～12月。

产于我国福建、广东、海南、广西、四川、云南等省区。生于旷野、山坡灌丛、山谷疏林下或林缘。

大戟科 Euphorbiaceae

山乌桕

Triadica cochinchinensis Lour.

别名：红叶乌桕、山柳乌桕

乔木或灌木，高达10m。叶互生，纸质，椭圆形或长卵形。花单性，雌雄同株，无花瓣和花盘，密集成顶生总状花序；雄花每一苞片内有数朵花，花萼杯状，雄蕊2枚，花药球形；雌花每一苞片内仅有1朵花，花萼3深裂，子房卵形，3室，柱头3枚，外反。蒴果球形，黑色；种子近球形，外薄被蜡质的假种皮。花期4～6月；果期8～9月。

分布于我国长江以南各省区。东南亚也有分布。生于低海拔山地及山谷林中。

喜光；较耐旱。喜深厚、湿润的土壤。适应性强，生长迅速。病虫害少。

选择健壮母树采种，蒴果皮开裂显出白色种子时即可采收。采后用石灰水或草木灰水浸泡数日，搓去蜡质，清水冲洗得到种子，晾干，置于干燥处贮藏。

大戟科 Euphorbiaceae

乌桕

Triadica sebifera (Linn.) Small

别名：蜡子树、木油树、木梓、油梓

落叶乔木，高可达15m。具乳状汁液。叶互生，纸质，菱形，全缘，顶端骤缩，具尖头。花单性，雌雄同株，聚集成顶生的总状花序；雄花每一苞片内具10～15朵花，花萼杯状，雄蕊2枚；雌花苞片和花萼深3裂，子房卵球形，3室，花柱3枚，柱头外卷。蒴果梨状球形；种子扁球形，黑色，外被白色蜡质的假种皮。花期4～6月；果期9～10月。

分布于我国黄河以南各省区。

喜光；耐寒性不强，喜温暖的气候；耐水湿。喜肥沃、深厚的土壤，对土壤适应性较强，沿河两岸的冲积土、平原水稻土，低山丘陵粘质红壤、山地红黄壤都能生长，但以深厚、湿润、肥沃的冲积土生长最好。

蒴果皮开裂显出白色种子时即可采收。采后用石灰水或草木灰水浸泡数日，搓去蜡质，清水冲洗得到种子，晾干，置干燥处贮藏。

蔷薇科 Rosaceae

桃

Amygdalus persica Linn.

小乔木，高3～8m。树皮暗红褐色，老皮粗糙呈鳞片状。叶多呈披针形，叶缘有锯齿；叶柄粗壮，基部常生蜜腺。花单生，先叶开放；萼筒钟状，绿色具红色斑点；花瓣长圆状椭圆形至宽倒卵形，粉红色。果实卵形、宽椭圆形或扁圆形；果核大，扁圆形，顶端尖，表面具沟纹和空穴。花期3～4月；果期通常8～9月。

原产于我国西北地区。现除黑龙江省外，各省区都有栽培，主要经济栽培地区在华北、华东各地。

喜光；适应于空气干燥、冬季寒冷的大陆性气候，耐寒力强；耐旱。

果熟后，其种子生理上尚未成熟，还不能萌发，可用湿润的砂土混匀，置于较低温度下贮藏再播种萌发。也可嫁接繁殖。

蔷薇科 Rosaceae

梅 >>

Armeniaca mume Sieb.

小乔木，高达10m。小枝绿色，无毛。叶片卵形，顶端长渐尖，基部宽楔形，边缘有细密锯齿。花单生或2朵簇生，先叶开放，白色或淡红色，芳香；萼筒钟状，常带紫红色。核果近球形，两侧扁，有纵沟，绿色至黄色。花期3月；果期5～6月。

我国各地广泛栽培，以长江流域南部地区栽培较普遍。

喜光；宜温暖稍湿润的气候，能耐寒；亦耐旱。对土壤要求不严，能耐瘠薄，在表土疏松、底土紧密稍黏、排水良好的肥沃土壤生长良好。适应性强。

常以种子播种培育实生苗，也可在春季采用扦插和压条繁殖。

蔷薇科 Rosaceae

枇杷 <<

Eriobotrya japonica (Thunb.) Lindl.

常绿小乔木，高可达10m。树皮灰褐色，粗糙。小枝、叶背及花絮均密被锈色茸毛。叶粗大，革质，披针形或长椭圆形。圆锥花序顶生，花序梗、花柄、萼筒密生锈色茸毛；花白色，芳香；花萼筒浅杯状，萼片三角卵形；花瓣长圆形或卵形。果近球形或梨形，黄色或橙黄色，外有锈色柔毛。花期10～12月；果期翌年5～6月。

原产于我国四川、湖北、湖南、陕西、甘肃等地。长江流域及以南各省多作为果树栽培。

性喜光，稍耐荫；稍耐寒，喜温暖气候。喜肥水湿润、排水良好的土壤。生长缓慢，寿命较长。

6月采种后立即直播，也可嫁接繁殖。

蔷薇科 Rosaceae

腺叶桂樱

Laurocerasus phaeosticta (Hance) Schneid.

别名：腺叶野樱、腺叶稠李

常绿灌木或小乔木。小枝暗紫褐色，无毛。叶近革质，全缘，狭椭圆形至长圆状披针形，先端长尾状，基部楔形。总状花序单生于叶腋；花萼筒杯形，萼片卵状三角形；花瓣近圆形，白色，无毛；雄蕊20～35枚；子房无毛。果近球形或横向椭圆形，紫黑色，无毛。花期4～5月；果期7～10月。

产于我国华南及西南大部分省区。常生于疏密杂木林内或混交林中。

果实成熟后采收，取出种子，播种前宜浸种1天。也可扦插繁殖。

蔷薇科 Rosaceae

大叶桂樱

Laurocerasus zippeliana (Miq.) Browicz

别名：大叶野樱、驳骨木、黄土树

常绿乔木，高10～25m。小枝褐色无毛。叶革质，宽卵形至长圆形，先端尖，基部近圆形。总状花序单生或2～4个簇生于叶腋；花萼筒钟状，萼片卵状三角形；花瓣近圆形，白色；雄蕊20～25枚；子房无毛。果长圆形，黑褐色。花期7～10月；果期冬季。

产于我国南、北方大部分省区。生于石灰岩山地阳坡杂木林中或山坡混交林下。

偏阳树种，幼苗较耐荫。深根系，萌发力较强。

果实成熟后采收，取出种子，播种前宜浸种24小时。也可扦插繁殖。

李

Prunus salicina Lindl.

落叶乔木，高达9m。老枝红褐色，小枝黄红色。叶长圆状倒卵形或长椭圆形，边缘有锯齿；叶柄近顶端有2或3枚腺体。花常3朵并生；萼筒钟状；花瓣白色，长圆状倒卵形，先端齿蚀状。核果球形或卵球形，黄色或红色，果梗陷入，顶部微尖，基部有纵沟；核卵圆形或长圆形，有皱纹。

产于我国秦岭周边及以南大部分省区。各地都有栽培，是重要的温带水果之一。

喜阳，不耐荫蔽；性喜温暖、湿润的环境，抗寒能力较强。

种子采收后，经过一定时间的低温层积处理，才能播种发芽。也可嫁接繁殖。

含羞草科 Mimosaceae

大叶相思

Acacia auriculiformis A. Cunn. ex Benth.

别名：耳叶相思

常绿乔木，高8～20m。干型有直干型和弯曲型。叶状柄镰刀形或直展，具3条主脉。穗状花序，枝簇生于叶腋或枝顶，花药黄色。荚果扁平，软骨质或木质，成熟时呈不规则螺旋状卷曲；种子黑色，围以折叠的珠柄。每年开花2次，第1次6～7月，当年12月果熟；第2次开花10～12月，翌年4～6月果熟。

原产于澳大利亚、巴布亚新几内亚及印度尼西亚。我国广东、广西、福建有引种。

为强喜光树种，耐酸、耐碱、耐瘠、耐季节性积水及适度干旱。生长快，繁殖力强，造林成活率高。

荚果成熟后及时采种，摊晒脱粒后，种子可在常温条件下保存2～3年。种子表面具有坚硬的蜡质层，播种前用沸水浸泡1～2分钟，自然冷却后用清水浸泡24小时。

台湾相思

Acacia confusa Merr.

别名：相思树、台湾柳、相思仔

常绿乔木，高6～15m。苗期第一片真叶为羽状复叶，长大后小叶退化，叶柄变为叶状柄；叶状柄革质，披针形，直或微呈弯镰状。头状花序球形，单生或2～3个簇生于叶腋；花金黄色，有微香，花瓣淡绿色；雄蕊多数，明显超出花冠之外。荚果扁平，干时深褐色，有光泽；种子椭圆形，压扁。花期3～10月；果期8～12月。

原产于我国台湾、福建、广东、广西以及菲律宾和印度尼西亚。热带地区广为栽培。

喜光；喜高温、湿润的气候；耐干旱。喜酸性土，对土壤要求不严，耐瘠薄。适应性强。

荚果变为褐色时应及时采种，采回后晒干取出种子，干藏。播种前用沸水烫种约1分钟，再用冷水浸种24小时。

根系发达，具根瘤固氮作用，落叶量大，能改良土壤，是荒山和冲刷地的造林树种，也适宜营造水土保持林、防风林等。

含羞草科 Mimosaceae

厚荚相思>>

Acacia crassicarpa A. Cunn ex Benth.

别名：粗果相思

常绿乔木或大型灌木。树皮暗灰褐色，坚硬，具直裂深沟。叶状柄光滑，灰绿色，弧形。穗状花序淡黄色。荚果暗褐色，木质，扁平；种子黑色，椭圆形，有光泽。花期10～12月；果实翌年5月成熟。

非常速生的热带固氮树种，喜湿热气候。特别耐干旱、瘠薄立地，能耐火烧及海滨带咸味的海风与轻度的盐碱。

荚果变褐色时可采摘，摊晒脱粒后，种子可在常温下保存2～3年。种子表面具坚硬的蜡质层，播种前须用沸水处理。

含羞草科 Mimosaceae

马占相思<<

Acacia mangium Willd.

常绿乔木，树高可达30m，胸径50～60cm。主干通直，树形整齐；树皮表面粗、厚，呈纵裂，暗灰棕色至褐色。小枝三棱形。成熟叶叶片退化，叶柄膨大成叶状柄；叶状柄基部分出4条主脉。花序为疏散穗状，单生或对生于上部叶腋；花、花丝灰白色或被细软毛；花瓣5枚。成熟荚果螺旋状卷曲，微木质；种子长形、黑色，有光泽。花期9～10月；果实翌年5～6月成熟。

原产于澳大利亚、巴布亚新几内亚和印度尼西亚。我国海南、广东、广西、福建等省区有引种。

喜光，向阳；喜湿润。在呈酸性的红壤、砖红壤及沙质土均能生长良好，中性及碱性土不适宜生长。浅根性，根部有菌根菌共生；适应性强。

荚果成熟后采收，曝晒2～3天待其开裂，种子脱落。种子经充分晒干后置于常温条件下干藏，发芽力可保存1年。种子种皮坚硬，含有蜡质，不易透水，播种前须用沸水浸种1分钟后再用冷水浸泡24小时，取出阴干播种。

南洋楹

Albizia falcataria (Linn.) Fosberg

别名：仁仁树、仁人木

常绿大乔木，高可达45m，胸径达1m。树干通直。叶为2回羽状复叶，羽片10～20对；小叶细小、对生、无柄、菱状椭圆形。穗状花序腋生，花淡黄绿色。荚果狭带形，熟时黑褐色，开裂。花期4～6月；果期8～9月。

原产于马六甲及印度尼西亚马鲁古群岛，现植于各热带地区。我国福建、广东、广西、海南等地有栽培。

喜光，不耐荫蔽；为热带和南亚热带季雨林典型的速生树种，自然分布于高温、多湿气候区。对土壤要求不严，在疏松、湿润、排水良好、微酸性、肥力中等的砖红壤性红壤、砖红壤性土的砂壤土上均生长良好，但土壤黏重、干旱、瘠薄和低洼积水的立地则生长不良。萌芽力强，更新良好。

荚果熟时应及时采摘，采回后曝晒2～3天，使种子脱落。种子用布袋装，置于通风干燥处贮藏，发芽力可保持2年。种子种皮坚硬，不易透水，播种前用热水浸泡24小时可提高发芽力。

根系发达，根瘤丰富，落叶多，易腐烂，是改良、提高土壤肥力的良好树种。

含羞草科 Mimosaceae

黑格

Albizia odoratissima (L. f.) Benth.

别名：山思、相思格、细格、香须树、香合欢

乔木，高10～20m，胸径可达60cm。树干通直，有无数明显而狭窄的横纹。羽状复叶，长达20cm；小叶无柄，纸质，长圆形。头状花序小，数个排列成顶生、疏散的圆锥花序；花淡黄色，有香味；子房被锈色茸毛。荚果长圆形，扁平。花期4～7月；种子成熟期12月。

天然分布于我国海南各地海拔500m以下的半落叶季雨林及稀树草原区的低山丘陵及阶地；广东、广西及贵州也有分布。

喜光树种，幼苗略能耐荫。具有耐旱和粗生的特点。

当荚果转为暗褐色时，种子基本成熟，采收后应及时摊开曝晒2～3天，至荚果开裂取出种子。种皮致密，播种前需用温水浸泡24小时，捞出稍干即可播种。

白格

Albizia procera (Roxb.) Benth.

别名：白相思、鹿角、菲律宾合欢、黄豆树、红荚合欢

落叶乔木，高10～25m，胸径可达60cm。树干通直。羽状复叶，互生，长约40cm，有羽片3～5对；小叶纸质，椭圆形。圆锥花序顶生或生于上部叶腋内；花两性，黄白色，无柄，为头状花序。荚果薄而扁平，矩圆形；种子椭圆形，扁，黄褐色，坚硬而有光泽。

主要分布在我国海南西部、西南部和东南部海拔400m以下的低丘、台地和平原地区。常见散生于热带半落叶季雨林和稀树草原生态类型区。

喜光树种；树皮厚，具有较强的耐旱、耐火烧和萌芽力强的特点。粗生、速生；结实量大，种源丰富，发芽率高，生命力强。

当荚果转为赭褐色时可采收，采收后曝晒2～3天待荚果开裂，得到种子。清水浸种24小时即可播种。种子可贮藏，贮藏过的种子种皮致密、革质，播种前需用温水浸泡。

含羞草科 Mimosaceae

新银合欢

Leucaena leucocephala (Lam.) de Wit

银合欢的栽培变种。小乔木，高达8m。树冠平顶状。2回偶数羽状复叶互生；小叶狭椭圆形。头状花序1～3个腋生；花白色，花瓣分离；雄蕊10枚，离生。荚果薄带状；种子卵形，褐色，扁平，光亮。花期4～7月；果期8～10月。

原产于热带美洲，现广植于热带地区。我国华南各省区有栽培。

喜光；耐干旱。耐瘠薄，喜土层深厚、排水良好、肥沃、水分充足的中性至微碱性土壤。主根深，抗风力强，萌芽性强；速生；更新能力强。

荚果转为褐色时应及时采收，采回后曝晒1～2天脱出种子，扬净袋装收存。播种前用热水烫种1～2分钟，再用冷水浸泡24小时。

含羞草科 Mimosaceae

猴耳环

Pithecellobium clypearia (Jack) Benth.

别名：围诞树、鸡心树

常绿乔木，高达10m。小枝无刺而具棱，密被黄褐色茸毛。2回羽状复叶互生；羽片4～6对；总叶柄具4棱，密被黄褐色柔毛，叶柄中部以下具1枚腺体，在叶轴上每对羽片间具1枚腺体；小叶先端渐尖或急尖，基部近截形，偏斜。圆锥花序由小的头状花序组成；花冠窄漏斗形，中部以下合生，黄白色；花萼与花瓣有柔毛；雄蕊多而凸出，花丝下部合生成管状。荚果旋卷呈环状，外缘在种子间缢缩；种子扁平，黑色，种皮皱缩。花期2～6月；果期4～8月。

分布于我国华南地区及浙江、福建、台湾、四川、云南。缅甸至马来西亚也有分布。热带亚洲广泛分布。生于1 000～1 800m的林内、山坡平坦处、路旁及河边。

幼苗稍耐荫。

树皮含单宁，叶药用，为南亚热带森林及次生林中常见乔木。

凤凰木

Delonix regia (Boj.) Raf.

别名：凤凰花、红花楹、火树、金凤凰

高大落叶乔木，无刺，高达20m，胸径可达1m。树冠扁圆形。分枝多而开展。叶为2回偶数羽状复叶，互生，具托叶；羽片对生，15～20对；小叶密集对生，长圆形，两面被绢毛，边全缘。伞房状总状花序顶生或腋生；花大而美丽，鲜红至橙红色；花瓣5枚，匙形，红色，具黄及白色花斑，开花后向花萼反卷；雄蕊10枚，红色。荚果带形，扁平，成熟时黑褐色，开裂；种子压扁、长圆形。花期6～7月；果期8～10月。

原产于马达加斯加及热带非洲，现广泛分布于热带和南亚热带地区。我国云南、广西、广东、福建、台湾等地有栽培。

喜阳光充足；喜高温；喜湿润，耐干旱。在肥沃、疏松、排水良好的土壤上生长最茂盛，耐瘠薄。适应性强，粗生、速生；自然更新能力强；伐桩萌蘖力强。

荚果采收后曝晒待其自然裂开，种子脱落。种子用麻袋存放于干凉通风处，生活力保存1年以上。种皮致密坚硬，播种前必须进行催芽处理。

苏木科 Caesalpiniaceae

格木

Erythrophleum fordii Oliv.

别名：斗登风、孤坟柴、赤叶柴

常绿乔木，高20～25m，胸径40～50cm。叶互生，2回羽状复叶，无毛；小叶互生，卵形或卵状椭圆形，全缘，无毛。总状花序；花白色或淡黄绿色，花瓣5枚，小、密生；雄蕊10枚。荚果扁平、带状，厚革质，黑褐色，2瓣裂；种子扁椭圆形，黑褐色，坚硬。花期5～6月；果期8～10月。

分布于我国广东、广西、福建、浙江等地。适生于丘陵地带，以山腰、山脚的谷底为最好。

为喜温、喜湿润的树种。对土壤要求较高，在花岗岩、沙页岩发育的酸性土壤生长良好，尤在土层深厚、湿润、肥沃、疏松的沙质土上生长迅速且茂盛，在钙质土或土壤干旱、瘠薄的山腰中上部则生长不良。

荚果成熟时，选择壮年植株采收种子。种子种皮坚硬，不易吸水，发芽力保存期很长，可将种子盛于布袋或陶罐中，置于通风干燥阴凉处贮藏。播种前必须对种子进行催芽处理。

为国家Ⅱ级重点保护野生植物。

苏木科 Caesalpiniaceae

短萼仪花

Lysidice brevicalyx C. F. Wei

别名：麻轧木

乔木，高10～20m。偶数羽状小叶近革质，长圆形或卵状披针形。圆锥花序披散；苞片和小苞片白色，阔卵形或长圆形；花瓣倒卵形，紫色；分能育雄蕊和退化雄蕊；子房沿二缝线被长柔毛。荚果长圆形或倒卵状长圆形，开裂；种子长圆形，栗褐色，光亮，种皮脆壳质。花期4～5月；果期8～9月。

产于我国广东、香港、广西、贵州和云南等地。生于海拔300～1 000m的疏林中，常见于山谷、溪边。

幼苗时需遮荫，成年后喜光。粗生、速生，适应性强。

用途广泛，木材坚硬，是优良建筑用材；花多而艳丽，为优良园林绿化树种；根、茎、叶可入药，能散瘀消肿、止血止痛。

苏木科 Caesalpiniaceae

无忧花

Saraca dives Pierre

别名：中国无忧花、火焰花

常绿乔木，高10～20m。主干黑褐色。树冠广圆形。小枝有棱，近四方形，大型偶数羽状复叶，互生；小叶近革质，长椭圆形或长倒卵形，幼叶紫红色。圆锥花序腋生；花橙黄色，后部分变红色；雄蕊8～10枚，其中1～2枚常退化呈钻状。荚果棕褐色，扁平果瓣卷曲；种子形状不一，扁平。花期4～5月；果期7～10月。

分布于老挝、越南以及我国云南、广西和广州等地。生长于海拔200～1 000m的地区，多生在密林及疏林中，常见于河流或溪谷两旁。

偏阳性树种，幼苗需庇荫，大树喜充足阳光；喜高温、湿润的气候，能耐轻霜及短期0℃左右低温。对水、肥条件要求稍高，喜生于富含有机质、肥沃、排水良好的壤土，在干旱、瘠薄的土壤上生长不良。

种子忌干燥、堆沤和过湿，宜随采随播或置湿沙床内催芽。贮藏或运输均需混以湿沙，种子发芽力保存期短，在常温下袋藏3个月就全部丧失发芽力。

树姿优美，树干通直，材质坚实，枝叶浓密，嫩叶紫红而下垂，花大而鲜艳，远望如火焰，是良好的观赏树种，也是优良的紫胶虫寄主。

苏木科 Caesalpiniaceae

油楠

Sindora glabra Merr. ex de Wit

别名：蚌壳树、柴油树

常绿乔木，高8～20m。树皮灰褐色或暗褐色，平滑。小叶对生，革质，椭圆状长圆形。圆锥花序生于小枝顶端的叶腋，密被黄色柔毛；苞片卵形，叶状；苞片、花梗及小苞片均密被黄色柔毛；能育雄蕊9枚，两面被紧贴、褐色的粗伏毛，内面较密；子房密被锈色粗伏毛，花柱丝状，旋卷，无毛。荚果圆形或椭圆形，外面有散生硬直的刺，受伤时伤口常有胶汁流出；种子扁圆形，黑色。花期4～6月；果期8～10月。

分布于我国海南。散生于海拔600m以下的热带常绿季雨林中。

喜光；耐干旱。适生于土壤肥沃、深厚、疏松的砂质壤土立地环境。

荚果呈黑褐色时可采摘，去荚后应立即将种蒂去除，以免被害虫侵蚀。种子易于发芽，应随采随播。

苏木科 Caesalpiniaceae

东京油楠

Sindora tonkinensis A. Cheval. ex K. et S. S. Larsen

乔木，高可达15m。小叶革质，卵形或椭圆状披针形，两侧不对称。圆锥花序生于小枝顶端的叶腋，密被黄色柔毛；苞片三角形；花瓣肥厚，密被黄色柔毛；雄蕊花丝丝状，基部密被黄色柔毛；子房密被黄色柔毛，花柱丝状，旋卷，无毛，长10～15mm。荚果近圆形或椭圆形，长7～10cm，宽4～6cm，顶端鸟喙状，外面光滑无刺；种子2～5颗，黑色，扁圆形。花期5～6月；果期8～9月。

原产于中南半岛，我国海南岛以及东南亚的越南、泰国、马来西亚、菲律宾等国有分布。生长于海拔50～1 400m的地区。

为热带雨林中的优势上层树种，树干通直。其树干木质内含有丰富的淡棕色可燃性油质液体，气味清香，颜色如同煤油，经过滤后可直接供柴油机使用，可作为柴油的代用品。

苏木科 Caesalpiniaceae

任豆>>

Zenia insignis Chun

别名：翅荚木、任木、砍头树

落叶乔木，高达30m，胸径达1m以上。树皮粗糙，呈片状脱落。小枝黑褐色。叶长25～45cm；小叶薄革质，长圆状披针形。圆锥花序顶生；总花梗和花梗被黄色或棕色粗伏毛；花红色。荚果长圆形或椭圆状长圆形，红棕色；种子圆形，平滑，有光泽，总黑色。花期5月；果期6～8月。

分布于我国广东、广西、云南等地。垂直分布在海拔100～1 200m处，以石质山地最为普遍。

喜光，不耐荫；适生于土层深厚、肥沃、排水良好的土壤，在干燥、瘠薄以及排水不良的地方生长不良。具有速生、萌芽力强、天然更新好、适应性强等特点。

荚果变为棕褐色时可采种，采回后曝晒，脱出种子，晒干，干藏，可贮藏1年。播种前用热水浸种12小时，冷却后晾干即可播种。

为石山绿化的优良乡土阔叶树种。

蝶形花科 Papilionaceae

海南黄檀<<

Dalbergia hainanensis Merr. et Chun

别名：海南檀、花梨公、牛筋树

乔木，高9～16m，胸径达40cm。羽状复叶长15～18cm；叶轴、叶柄被褐色短柔毛；小叶纸质，卵形或椭圆形。圆锥花序腋生；花初时近圆形，极小；花冠粉红色，旗瓣倒卵状长圆形，翼瓣菱状长圆形，内侧有下向的耳，龙骨瓣较短，亦具耳；雄蕊10枚，成5＋5的二体。荚果长圆形，倒披针形或带状，直或稍弯，中部荚室隆起，为木栓质，渐狭下延为一短果颈；种子近肾形，扁平，种皮薄，深褐色。花期6月；果期11月。

产于我国海南。生长于热带常绿季雨林或半落叶季雨林中。

为喜光树种；较耐干旱。耐瘠薄，常散生在山腰、山坡瘠薄的砖红壤或黄红壤性质土的地方；在土壤肥沃、土层深厚、疏松的砂壤土山麓上生长较快。

选择生长健壮的优良母树采种，采回后曝晒，取出种子。种子可用布袋装，置于通风阴凉处贮藏1年，发芽率基本不变。播种前用温水浸种24小时。

蝶形花科 Papilionaceae

白花油麻藤 >>

Mucuna birdwoodiana Tutch.

别名：禾雀花、雀儿花

常绿、大型木质藤本。老茎外皮灰褐色，幼茎具纵沟槽。羽状复叶具3小叶；小叶近革质，顶端小叶椭圆形或卵形，侧生小叶偏斜。总状花序生于老枝上或叶腋，有花20～30朵，常呈束状；苞片卵形，早落；花萼内外密被浅褐色贴伏毛；花冠白色或带绿白色，旗瓣先端圆。果木质，带形，具木质狭翅，具种子5～13颗；种子紫黑色，近肾形。花期4～6月；果期6～11月。

产于我国广东、香港、广西、江西、福建、贵州、四川。生于海拔800～2 500m的向阳山地、路旁、溪边等，常攀缘于大乔木或灌木上。

喜光，耐半荫；不耐干旱。喜湿润肥沃的土壤，不耐贫瘠。

可扦插或播种繁殖。

蝶形花科 Papilionaceae

海南红豆 <<

Ormosia pinnata (Lour.) Merr.

常绿乔木，高达25m，胸径60cm。树皮具粗大的锈褐色皮孔。奇数羽状复叶；小叶7～9片，披针形。圆锥花序顶生；花萼密被柔毛；花冠淡粉红色带黄白色，旗瓣基部有角质耳状体2枚；子房密被柔毛。幼果疏被毛，卵形果具1颗种子，圆柱形果具2～4颗种子，果皮厚木质，干时黑褐色；种子椭圆形，种皮红色，干时皱扁。花期6～8月；果期11～12月。

主要产于我国海南、广东和广西。散生于海拔 800m以下的静风山谷和山腹缓坡地带上，多生于溪旁湿润的生态环境中。

喜光树种，小苗、幼树耐荫，壮龄以后则喜阳光。喜深厚、肥沃、疏松、湿润的砖红壤或砖黄壤性质土。天然更新力较差，但伐根的萌芽力强，生长速度中等。

荚果肥大饱满呈深黄色时可采收，采回后摊开曝晒待果实开裂，取出种子。种子忌干燥，种皮柔软易腐烂，需堆沤1～2天脱去种皮，洗净晾干即可播种。若不能及时播种，可用半湿沙或半湿椰糠贮藏，但不能超过1个月。

为热带和南亚热带半落叶季雨林和常绿季雨林树种。

金缕梅科 Hamamelidaceae

阿丁枫

Altingia chinensis (Champ.) Oliv. ex Hance

别名：蕈树、半边枫

常绿乔木，高达30m。叶革质，分散生在当年枝上，窄矩圆形或披针形，边缘有疏钝齿。雄花头状花序卵形或球形，有苞片4片，褐色，常多个头状花序排成圆锥花序，生于枝顶叶腋内；雌花头状花序单生于枝顶叶腋内，总苞片4片，卵形，有褐色柔毛；萼齿鳞片状。头状果序圆球形；蒴果藏于花序轴内。

主要分布于我国长江流域以南各省区。为亚热带常绿阔叶林中常见树种，海拔多在300～800m的低山、丘陵山地，喜生于山脚、沟边湿润的地方。

幼树耐荫，成年树需光性增强；喜温暖、湿润。对立地条件要求较严，在土层深厚、湿润、肥沃的酸性土上生长良好。

果实转为棕褐色时采收，采回后摊晒3～5天，种子脱出，筛后干藏。

金缕梅科 Hamamelidaceae

枫香

Liquidambar formosana Hance

别名：枫树、红枫

落叶大乔木，高达30m，胸径可达1m。树干通直；树皮粗糙，灰褐色，方块状剥落。树冠圆锥形。多分枝。叶纸质至薄革质，互生，阔卵形，掌状3裂，边缘有锯齿。花单性同株；雄性短穗状花序常多个排成总状，雄蕊多数；雌性花序头状，单生。头状果序圆球形，蒴果木质，有刺；能育种子有短翅，褐色，不育种子无翅。花期3～4月；果期10～11月。

产于我国秦岭及淮河以南各地。

喜光；喜温暖至冷凉的气候；能耐干旱。对气候及土壤要求不严，但在风速大、陡坡的山脊和山顶生长不良，而谷底和山麓缓坡、湿润等立地上的长势旺盛。适应性强。

果实成熟后及时采种，采回后晒干脱粒，去除杂质，装在布袋或塑料袋内干存，贮藏于干燥通风处。

金缕梅科 Hamamelidaceae

米老排

Mytilaria laosensis Lecomte

别名：壳菜果、三角枫

常绿乔木，高达30m。小枝粗壮，节膨大，有环状托叶痕。叶革质，阔卵圆形，全缘，掌状脉5。肉穗状花序顶生或腋生，单独；花多数，紧密排列在花序轴；萼筒藏在肉质花序轴中；花瓣带状舌形，白色；雄蕊多数，花丝极短；子房2室，柱头有乳状凸。蒴果，外果皮厚，黄褐色，松脆易碎，内果皮木质或软骨质；种子褐色，有光泽，种脐白色。

主要分布于我国广东西部、广西西南部和云南东南部。垂直海拔在250～800m的低山丘陵中下部和沟谷两旁。属热带和南亚热带常绿阔叶混交林的上层乔木。

中性偏阳，幼苗耐荫；喜温热、湿润、干湿季明显的气候。喜生于土层深厚、湿润的山坡地，忌低洼积水地。

果实接近成熟而未开裂时采收，采后阴干，开裂取种，放入水中除去浮起空粒，将种晾干，不宜日晒，可短期干藏或沙藏。

金缕梅科 Hamamelidaceae

红苞木

Rhodoleia championii Hook.

别名：红花荷、红花木

常绿乔木，高达30m。嫩枝粗壮。叶厚革质，有3出脉，上面深绿色，发亮，下面灰白色。头状花序，常弯垂；总苞片椭圆形，大小不相等；花瓣匙形，红色；雄蕊和花瓣等长；花柱略短于雄蕊。头状果序有蒴果5个，蒴果卵圆形，果皮薄木质；种子扁平，黄褐色。花期4～5月；果期9～10月。

主要分布于我国广东、广西的中部偏南地区。海拔多在600～1 200m的低山丘陵，常成片或散生在山坡和沟边。

为中性偏阳树种，幼树耐荫，成年后较喜光。适生于花岗岩、砂页岩发育成的红黄壤与红壤（酸性至微酸性土）。

果实转黄绿色开裂前及时采收，采回后晒至果壳开裂，筛取种子，干藏。

金缕梅科 Hamamelidaceae

半枫荷

Semiliquidambar cathayensis H. T. Chang

常绿乔木，高达17m。树皮灰色，略粗糙，老枝有皮孔。叶簇生于枝顶，革质，不分裂的叶片卵状椭圆形，长5.5～12.5cm，宽3.3～6.2cm，先端渐尖，基部阔楔形或近圆形；或为掌状3裂，两侧裂片卵状三角形，有时为单侧裂，边缘有具腺细锯齿。花单性，雌雄同株；雄头状花序排列成总状，生于枝顶叶腋；雌头状花序常单生；萼齿针形，被短柔毛。头状果序近球形，具蒴果22～28个；种子具棱，无翅。花期3～6月；果期7～9月。

产于我国广东、海南、湖南、江西、福建、贵州等地。生于溪旁疏林内。

喜土层深厚、疏松、肥沃、湿润且排水良好的土壤。

可于春季播种繁殖。

壳斗科 Fagaceae

米锥

Castanopsis carlesii (Hemsl.) Hayata

别名：尖尾栲、米槠、小红栲

常绿乔木，高达20m。叶披针形或卵形，全缘。雄圆锥花序近顶生；雌花的花柱3或2枚。壳斗近圆球形或阔卵形，外壁有疣状体或钻尖状；坚果近圆球形或阔圆锥形。花期3～6月；果翌年9～11月成熟。

广泛分布于我国长江流域以南地区。生于海拔300～1 000m的低山丘陵。

中性偏荫，幼树耐荫，大树喜光；喜温暖、多雨的气候。速生，适应性强，对肥、水、光照等环境因子的要求不苛刻。深根系，萌芽力强。

果实熟时黄褐色，采回后置于阴处，忌日晒，待壳斗开裂取出坚果，即可播种或沙藏。播种前将种子置流水中浸泡3～4天。

壳斗科 Fagaceae

甜槠

Castanopsis eyrei (Champ. ex Benth.) Tutch.

别名：甜槠栲、丝栗

常绿乔木，高达20m。大树的树皮纵深裂，块状剥落。叶革质，卵形，披针形或长椭圆形。雄花序穗状或圆锥花序；雌花的花柱3或2枚。壳斗有1个坚果，阔卵形；坚果阔圆锥形，顶部锥尖。花期4～6月；果翌年9～10月成熟。

我国长江流域以南各地海拔400～1 700m的亚热带常绿阔叶林中均有分布。

耐荫，大树喜光；喜温暖、湿润的气候。适应性中等；深根性，萌芽性强。

选择健壮母树采种。选取种仁饱满、籽粒肥大、种壳光亮的种子，稍晾干，层积沙藏。

壳斗科 Fagaceae

罗浮栲

Castanopsis fabri Hance

别名：白锥、罗浮锥、白橼

常绿乔木，高达20m，胸径50cm。叶革质，卵形或披针形，叶缘有裂齿。雄花序单穗腋生或多穗排成圆锥花序；每壳斗有雌花3或2朵，花柱3枚。壳斗有坚果2个，圆球形或阔椭圆形或阔卵形，不规则瓣裂；坚果圆锥形，常一侧或二侧平坦，无毛。花期4～5月；果翌年9～11月成熟。

分布于我国长江流域以南地区，尤以华南地区更为集中。多见于海拔300～800m的低山丘陵。

中性偏阳，幼龄时稍耐荫。喜土层深厚、肥沃、疏松的山地土壤。深根性，萌芽力强。

果实成熟后壳斗张开，种子散落，可于地面收集。采回后经水选，捞出下沉种子，稍阴干，可随采随播或沙埋贮藏。

可与杉、松营造针阔叶混交林。

壳斗科 Fagaceae

罴蒴

Castanopsis fissa (Champ. ex Benth.) Rehd. et Wils.

别名：罴蒴栲、裂壳锥、大叶栎、大叶锥

常绿乔木，高达25m，胸径达60cm。树皮灰褐色。小枝粗壮，被红褐色鳞秕。叶倒卵状披针形或倒卵状长椭圆形，边缘有钝锯齿或波状齿。雄花多为圆锥花序，花序轴无毛。壳斗球形或椭圆形，幼嫩时被暗红褐色粉末状蜡鳞，全包坚果；坚果圆球形或椭圆形。花期4～6月；果10～12月成熟。

分布于我国华南各地，以广东和海南分布最广。主要分布于海拔 800m以下的丘陵山地。

喜光，不耐荫蔽；喜温暖、湿润的气候，稍耐寒；有一定耐旱能力。适应性强，能适应不同类型土壤，但不耐瘠薄的土壤。根系发达，抗风力较强，能保持水土和改良土壤。

果实成熟后及时采种。种子落地后易霉烂和受虫鼠危害，最好是树上采种。摊晒1～2天后，收集洗净和水选。种子宜随采随播，不能及时播种者可沙藏。播种前种子要处理，一是用温水浸种，二是果实水选去浮粒后置于流水中浸泡。

为华南地区较优良速生的材薪兼用树种。

壳斗科 Fagaceae

红锥

Castanopsis hystrix A. DC

别名：刺栲、红黎、黎木、锥栗、红锥栗

常绿乔木，干形通直，高达25～30m，胸径可达1m。树皮灰色至灰褐色，片状剥落。叶互生，薄革质，披针形或倒卵状椭圆形，全缘或有少数浅裂齿。雄花序为圆锥花序或穗状花序；雌花序穗状。壳斗球形，4瓣裂，密生锥状，长硬刺；有坚果1个，坚果卵形。花期4～6月；果翌年8～11月成熟。

分布于我国南部。

耐荫；适生于温暖气候；喜湿润，但在低洼积水地不能生长，不耐干旱。在土层深厚、疏松、肥沃的土壤生长良好，在土层瘠薄的石砾土或山脊生长矮小。具有萌生力强和速生的特点。

果实成熟后可采种。坚果易受虫蛀，忌日晒，宜混沙储藏。

壳斗科 Fagaceae

吊皮锥

Castanopsis kawakamii Hayata

乔木，高达25m。叶革质，卵形或披针形，全缘。雄花序多为圆锥花序，雄蕊多数；雌花序花柱3或2枚。果序短，壳斗圆球形，成熟时4瓣开裂，壳斗内壁密被灰黄色长茸毛；壳斗内有坚果1个，坚果扁圆形，密被黄棕色伏毛。花期3～4月；果翌年8～10月成熟。

产于我国台湾、福建、广东和广西东南部，分布地属南亚热带海洋性季风气候，降水量丰富。生于海拔约1 000m以下的山地疏林或密林中，有时成小片纯林，常为常绿阔叶林的上层树种。

适生土壤为酸性红壤或黄壤。

坚果成熟后立即采收，应沙埋保鲜，以防种子失水。

麻栎

Quercus acutissima Carruth.

别名：栎、橡碗树

落叶乔木，高达30m，胸径达1m。树皮深灰褐色，交错深纵裂。叶有光泽，长椭圆状披针形，羽状侧脉直达齿端成刺芒状。雄花序常数个集生于当年生枝下部叶腋，有花1～3朵；花柱3枚。壳斗环形，包着坚果约1/2；坚果卵形或椭圆形，顶端圆形，果脐凸起。花期3～4月；果期翌年9～10月。

产于我国辽宁南部经华北至华南地区。

喜光；耐干旱。耐瘠薄，但在湿润、肥沃、土壤深厚和排水良好的中性至微酸性土壤上生长最好。深根性，抗风力强。萌芽力强，适应性强，生长较快。

榆科 Ulmaceae

朴树>>

Celtis sinensis Pers.

别名：黄果朴、紫荆朴

落叶乔木，高达20m。树皮褐色。当年生小枝密生毛。叶质较厚，阔卵形或圆形，中上部边缘有锯齿，3出脉。花杂性同株；雄花簇生于当年生枝下部叶腋；雌花单生于枝上部叶腋，1～3朵聚生。核果近球形，单生于叶腋，红褐色，核果表面有凹点及棱，单生或两个并生。花期4月；果熟期10月。

产于我国淮河流域、秦岭以南至华南各省区。生于平原及低山区。

需充足日照；有一定耐旱能力，亦耐水湿。适合生长于湿润而排水良好的砂质壤土中，耐瘠薄。生长较缓慢，生命力顽强。可抗强风，抗污染能力较强。

果实成熟后及时采收，摊开阴干，去除杂物，与沙土混拌贮藏。翌年春季播种，播种前进行种子处理，敲碎种壳或擦伤外种皮，以利于种子发芽。

榆科 Ulmaceae

白颜树<<

Gironniera subaequalis Planch.

别名：大叶白颜树、黄机树

乔木，高达20m，胸径可达50cm以上。树皮灰或深灰色，较平滑。小枝黄绿色，疏生黄褐色长粗毛。叶革质，椭圆形或椭圆状矩圆形，近全缘，叶面亮绿色，平滑无毛，叶背浅绿，稍粗糙；叶脉和叶柄疏生长糙伏毛。雌雄异株，聚伞花序成对腋生，雄的多分枝，雌的分枝较少，成总状；雄花花被片5，宽椭圆形，外面被糙毛。核果具短梗，阔卵状或阔椭圆形，侧向压扁，被贴生的细糙毛，内果皮骨质，熟时桔红色；具宿存的花柱及花被。花期2～4月；果期7～11月。

产于我国广东、海南、广西和云南等地。生于山谷、溪边的湿润林中，为热带雨林常见树种。

喜湿润环境。适生于土层深厚且疏松、腐殖质丰富的酸性土壤。

选择健壮树的橘黄色果实进行采种，采后及时播种。

木麻黄科 Casuarinaceae

木麻黄 ◇

Casuarina equisetifolia Linn.

别名：短枝木麻黄、驳骨树、马尾树

乔木，高达30m。树干通直；幼树树皮赭红色，老树树皮粗糙，深褐色，不规则纵裂。树冠狭长圆锥形。鳞片状叶每轮通常7片，披针形或三角形，紧贴。花雌雄同株或异株；雄花序棒状圆柱形，花被片2；雌花序顶生于侧生短枝上。球果状果序椭圆形，幼嫩时外被灰绿色或黄褐色茸毛，果实为带翅的小坚果。花期4～5月；果期7～10月。

原产于澳大利亚和太平洋岛屿。我国广西、广东、福建、台湾等沿海地区普遍栽培。

强阳性；喜炎热气候，不耐寒；耐干旱，也耐潮湿。耐贫瘠，抗盐渍。根系发达，抗风。

采果后曝晒数天至果开裂，筛取种子，晒干，零度左右低温干藏。播种前温水浸种，冷却后捞出用湿沙层积催芽3天，种子萌发后取出晾干播种。

能固沙和改良瘠薄沙地，是华南沿海地区造林最适树种，凡沙地和海滨地区均可栽植。

桑科 Moraceae

见血封喉 ◇

Antiaris toxicaria Lesch.

别名：箭毒木

乔木，高达40m。叶椭圆形至倒卵形，幼时被浓密的长粗毛，边缘具锯齿，成长叶长椭圆形，先端渐尖，基部圆形，表面深绿色，疏生长粗毛；叶柄短，被长粗毛。雄花序托盘状，围以舟状三角形紫黑的苞片，外面被毛；雄花花被裂片4，花药椭圆形；雌花单生，藏于梨形花托内，无花被，子房1室，花柱2裂，柱头钻形，被毛。核果梨形，具宿存苞片，熟时果实红色；种子外种皮坚硬。花期3～4月；果期5～6月。

产于我国广东、海南、广西和云南南部。多生于海拔1 500m以下的雨林中。

分布区位于热带季雨林、雨林区域，热量丰富，长夏无冬，冬季寒潮影响微弱。生长在花岗岩、页岩、砂岩等发育的酸性基岩和第四纪红土上，土壤为砖红壤或赤红壤。

种子随采随播。

桑科 Moraceae

小叶胭脂 >>

Artocarpus styracifolius Pierre

别名：二色菠萝蜜、奶浆果

常绿乔木，高达20m。树皮纵裂纹，灰褐色，韧皮部带有腥臭味。单叶互生，薄革质，椭圆形至倒卵形，全缘。花雌雄同株，单性，花序单生于叶腋；雄花序椭圆形，密被灰白色短柔毛，雄蕊1枚，花丝纤细，花药球形；雌花花被片外面被柔毛，长圆形。聚花果球形，黄色，干时红褐色，被毛，表面着生很多弯曲的圆形凸起；核果球形。花期秋初；果期秋末冬初。

产于我国海南、广东和广西等地。普遍生长于海南热带常绿季雨林和山地雨林中，散生在海拔1 000m以下的山坡和山腰之中。

为喜光树种。在湿润而土层深厚、疏松的砂壤土的条件下生长较快。

采种时选择健壮高大母树，采收后在水中或袋中擦去果肉，洗净后得到种子，宜立即播种，播种前种子浸泡8小时。若需贮藏，必须保湿贮藏，时间不宜过长。

桑科 Moraceae

粗叶榕 <<

Ficus hirta Vahl

灌木或小乔木。小枝、叶和榕果均被金黄色长硬毛。叶互生，纸质，多型，长椭圆状披针形或广卵形，边缘具细锯齿，基部圆形或宽楔形，表面疏生贴伏硬毛。榕果成对腋生，球形；雌花果球形，雄花果及瘿花果卵球形；瘦果椭圆球形，表面光滑；花柱柱头棒状。

分布于我国华南和西南地区。野生于山坡、山谷灌丛中或林边及村寨附近。

耐热；耐旱，也耐湿，喜温暖、湿润的环境。土壤以山地红壤为主。适应性强，对立地条件要求不高，在多种土壤及环境中均可栽植。有抗污染能力。

桑科 Moraceae

对叶榕

Ficus hispida Linn. f.

别名：牛奶子

常绿乔木，高达5m。树皮粗糙，有肿胀的小节。叶对生，单叶，阔椭圆形，边缘有小锯齿，叶质极粗糙，叶面及叶背披有坚硬的毛。花单性，细小，生于隐头果内壁；雄花生于近开口处；瘿花在其下；雌花独生于不同株的隐头果内。果生于主干嫩枝上，成熟时黄色，表面披毛。花期6～7月。

分布于印度、马来西亚、澳大利亚和中国东南部。喜生于山谷中或近水旁。

喜光；喜温暖。对土质要求不高，在不同土壤上均能生长。

桑科 Moraceae

榕树

Ficus microcarpa Linn. f.

别名：细叶榕、小叶榕

乔木。老树常有锈褐色气根。树冠伞形或圆形。叶薄革质，狭椭圆形，先端钝尖，基部楔形。榕果成对腋生或单生，成熟时黄色，扁球形；雄花、雌花和瘿花同生于一榕果内；雄花散生于内壁，与瘿花相似，花被片3，柱头短，棒形。瘦果卵圆形。花期5～6月；果期10月至翌年。

原产于东南亚及印度和中国。在中国分布于华南、华东、西南等地区。野生于低海拔林中。

喜光；喜高温，耐寒；喜多湿。耐瘠薄。适应性强。抗风，同时对有毒气体二氧化硫、氟化氢等有较强的抗性。

果熟时变淡红即可采收。采回后晾干碾碎，筛取种子；或将果捣烂，洗去果皮、果肉，淘取种子，晾干，即可播种或干藏。也可采用扦插繁殖。

桑科 Moraceae

变叶榕

Ficus variolosa Lindl. ex Benth.

灌木或小乔木，高达10m。叶互生，叶片薄革质，长圆形至倒披针形，先端钝或短尖，基部楔形。隐头花序，花序托单生或成对生于叶腋，球形，红色，雄花、瘿花同生于一花序托内；雄花散生于内壁，花被片3～4，雄蕊2～3枚；瘿花花被片5～6，舟状，花柱侧生；雌花着生于另一株花序托内，花被片3～4。成熟隐花果（榕果）红色，内有卵形瘦果；花柱侧生。花期6～8月。

产于我国浙江、福建、湖南、广东、广西、云南等省区。生于平原或低海拔的山地、丘陵及疏林中。

对土质要求不高，在不同土壤上均能生长。

桑科 Moraceae

黄葛树

Ficus virens Ait.

别名：大叶榕、黄桷树

落叶大乔木。叶互生，纸质，基出脉3，全缘。花序单生，或成对腋生，成熟时黄色或红色；雄花、瘿花、雌花生于同一花序内；雄花具梗，少数，萼片线形，雄蕊1枚，花丝短；瘿花具梗；雌花无梗。瘦果。花期5～8月；果期8～11月。

产于我国云南、广东、广西、福建等地。印度和东南亚等地均有分布。年幼时可附生于其他树上生长。

喜光，为强阳性树种；耐干旱。耐瘠薄，裸露岩石和滨河地带均能适应。根系庞大，穿透力强。

常用作行道树，为良好的荫蔽树种。

冬青科 Aquifoliaceae

梅叶冬青

Ilex asprella (Hook. et Arn.) Champ. ex Benth.

别名：秤星树、假青梅、秤星木

落叶灌木，高达3m。具长枝和宿短枝，长枝纤细，栗褐色；短枝多皱，具宿存的鳞片和叶痕。叶膜质，在长枝上互生，在缩短枝上簇生于枝顶，卵形或卵状椭圆形，边缘具锯齿。雄花序2或3朵花呈束状或单生于叶腋或鳞片腋内；花萼盘状；花冠白色，辐状，花瓣4～5枚，近圆形；雄蕊4或5枚，花药长圆形；败育花药箭头状；子房卵球状，花柱明显，柱头厚盘状。果球形，熟时变黑色，具分核4～6枚，分核倒卵状椭圆形，内果皮石质。花期3月；果期4～10月。

产于我国浙江、江西、福建、湖南、广西、广东等地。生于海拔400～1 000m的山地疏林或路旁灌丛中。

能耐一定的庇荫，中性偏阳。

以种子繁殖为主。

冬青科 Aquifoliaceae

铁冬青

Ilex rotunda Thunb.

别名：救必应、熊胆木、白银香、过山风

常绿灌木或乔木，高可达20m。叶薄革质，椭圆形、卵形或倒卵形。雌雄异株；聚伞花序或伞形花序，单生于当年生枝的叶腋内；花白色。果近球形或稀椭圆形，成熟时红色，分核5～7枚，椭圆形，内果皮近木质。花期4月；果期8～12月。

原产于我国长江以南地区及朝鲜半岛和日本。自然分布于海拔800m以下的山坡、谷底林中。

喜光，耐半荫；喜温暖，耐霜冻；喜湿润，耐干旱。耐瘠薄。适应性强，从暖温带到南亚热带的气候均能适应。有抗大气污染能力。

采果后将其捣烂，洗去果肉，阴干，即播或沙藏。种子有休眠期，播后需1～2年才能发芽。也可用湿沙贮藏半年后再播于沙床催芽。

为营造混交水源林的优良乡土树种。

檀香科 Santalaceae

檀香

Santalum album Linn.

别名：真檀

常绿乔木，高约10m。叶椭圆状卵形，膜质。三歧聚伞式圆锥花序腋生或顶生；花被管钟状，花被4裂，裂片卵状三角形；雄蕊4枚；花盘裂片卵圆形；花柱深红色，柱头浅3或4裂。核果外果皮肉质多汁，成熟时深紫红色至紫黑色，内果皮具纵棱3～4条。花期5～6月；果期7～9月。

原产于太平洋岛屿。现以印度栽培最多。我国广东、台湾有栽培。

为阳性树种，但育苗期适当荫蔽；喜温暖、湿润的环境，冬季须无雪和无严重霜冻，最低气温多年平均不低于0℃，当气温低于13℃时，生长停滞，顶芽转入休眠状态；根系忌积水，即使短期积水也会引起根系腐烂，导致死亡。以土壤土层深，pH值5～6.5，土质疏松、透气、富含铁、磷、钾等营养的微酸性沙质红色壤土为佳，忌黏土。幼苗期、中期生长较快，成龄期和老龄期生长较慢。

种子具休眠性，播种前种子要进行预处理，如沙藏1个月，剥壳（或压裂种壳）或用化学药剂处理种子等，以打破种子休眠期，加速种子发芽，提高发芽率。为半寄生性植物，靠根吸盘吸附在寄主植物根系上吸取养分才能正常生长，须配置适宜的寄主植物。

降真香

Acronychia pedunculata (L.) Miq.

别名：山油柑、山柑、砂糖木

树高5～15m。树皮灰白色至灰黄色，平滑，剥开时有柑橘叶香气。叶有时呈略不整齐对生，单小叶，叶椭圆形至长圆形，或倒卵形至倒卵状椭圆形。花瓣狭长椭圆形，花开放初期，花瓣的两侧边缘及顶端略向内卷，盛花时则向背面反卷且略下垂，内面被毛；子房被疏或密毛，极少无毛。果序下垂，果淡黄色，半透明，近圆球形而略有棱角，有小核4枚；每核有1颗种子，种子倒卵形，种皮褐黑色、骨质。花期4～8月；果期8～12月。

产于我国台湾、福建、广东、海南、广西、云南等地。生于较低丘陵坡地杂木林中，为次生林常见树种之一，有时成小片纯林。

能耐一定的庇荫。对土壤要求不苛刻。

种子宜随采随播。

芸香科 Rutaceae

柑橘

Citrus reticulata Blanco

常绿小乔木，高约2m。小枝通常有刺。单身复叶，长卵状披针形至阔卵形。花单生或2～3朵簇生于叶腋，黄白色；花萼不规则浅裂；花瓣长约1.5cm；花柱细长，柱头头状。果扁球形至近球形，橙黄色或橙红色，果皮薄易剥离，囊瓣7～14瓣。花期4～5月；果期10～12月。

我国秦岭以南广为栽培。

性喜温暖、湿润的气候，耐寒性较柚、酸橙、甜橙稍强。

选择优良的母树，适时采收充分成熟的果实，将含有种子的囊瓣即播于肥沃的土壤，翌年春则会发芽。

为丰产水果树，品种、品系繁多且来源复杂。

芸香科 Rutaceae

橙

Citrus sinensis (Linn.) Osbeck

别名：甜橙

乔木。枝少刺或无刺。单身复叶，翼叶狭长，叶片卵形或卵状椭圆形。总状花序；花白色；花萼3～5浅裂；花瓣长约1.5cm；花柱粗壮，柱头增大。果实圆球形、扁圆形或椭圆形，橙黄色至橙红色，果皮难剥离，囊瓣约10瓣；种子较少或无。花期3～5月；果期10～12月。

我国秦岭以南各地广泛栽培，是我国主要水果之一，而以四川、广东、台湾等地栽培较为集中。

性喜温暖、湿润气候，较耐霜冻。喜肥沃、酸性的疏松土壤。

三叉苦

Melicope pteleifolia (Champ. ex Benth.) T. G. Hartley

别名：白芸香、三岔叶、三丫苦、三桠苦

乔木。树皮灰白或灰绿色，光滑，纵向浅裂。嫩枝的节部常呈压扁状。3小叶，小叶长椭圆形，两端尖，全缘，油点多。花序腋生，花甚多；萼片及花瓣均4枚；萼片细小；花瓣淡黄色或白色常有透明油点，干后油点变暗褐至褐黑色；雄花的退化雌蕊细垫状凸起，密被白色短毛；雌花的不育雄蕊有花药而无花粉，柱头头状。分果瓣淡黄或茶褐色，散生透明油点；每分果瓣有1颗种子，种子蓝黑色，有光泽。花期4～6月；果期7～10月。

产于我国福建、江西、广东、海南、广西等地。生于平地至海拔2 000m的山地，常见于丘陵、平原、溪边或林缘的灌丛中。

在较荫蔽的湿润山谷多见，阳坡灌木丛中偶有生长。

种子繁殖容易，出苗率高。

芸香科 Rutaceae

楝叶吴茱萸

Tetradium glabrifolium (Champ. ex Benth.) Hartley

别名：贼仔树、漆仔树、臭辣树、蝴蝶树、红花树、臭油林、野米辣、擦树

落叶乔木，高达20m，胸径可达60cm。树皮灰白色，不开裂，密生圆或扁圆形、略凸起的皮孔。树冠广伞形。枝叶开展茂盛，枝近于无毛。单数羽状复叶对生；小叶具柄，纸质，无腺点，卵形至长圆形，先端长渐尖，基部偏斜，边缘浅波状或具细钝锯齿，稀全缘，下面灰白或粉绿色。花极小，通常单性，雌雄异株；聚伞状圆锥花序顶生，雄花序较雌花序大；萼片5枚；花瓣5枚；雄花有雄蕊6枚，花丝下部有毛；雌花的花瓣较大，白色；5枚心皮不为喙状，子房上位。球形蓇果紫红色，两侧面被灰白色短毛，表面有网状皱纹；种子卵球形，黑色。花期7～8月；果期10～12月。

原产于海南、广西、云南、贵州、江西、福建、台湾和广东东部、中部及北部等地。越南、菲律宾等也有分布。为热带雨林和南亚热带常绿阔叶林常见树种，常见于海拔400m以下的山地中下部和山谷。村旁附近、路旁湿润处也常见。多呈群状分布，常与青果榕、鸡尖、乌墨、倒吊笔、黄牛木、山黄麻、黑格、山龙眼、麻楝、红楝子等树种混生。

为半落叶、喜光树种，幼苗期有一定的耐荫能力，大树时多为上层木；喜温暖、湿润的气候。在土层深厚、土壤疏松、排水良好、比较湿润的沙壤或沙壤质红壤上生长好，而在贫瘠的立地上生长不良。天然更新能力较强。

繁殖方式为播种或插枝。

鸦胆子

Brucea javanica (Linn.) Merr.

别名：鸦蛋子、苦参子

落叶灌木或小乔木，高2～3m。全株被黄色柔毛。羽状复叶互生；小叶5～11片，卵状披针形，边缘有粗齿，两面被柔毛。花单性异株，圆锥状聚伞花序腋生，雌花序长不及雄花序的一半；花极小，暗紫色；雄蕊4枚。核果椭圆形，熟时黑色，外壳硬骨质而脆。花期夏季；果期8～10月。

产于我国福建、台湾、广东、广西和云南等地。

采收黑色成熟果实，洗去果肉，阴干后及时播种，或用湿沙贮藏，于9～10月播种。

橄榄科 Burseraceae

橄榄

Canarium album (Lour.) Rauesch.

别名：黄榄、青果、山榄、白榄、红榄、青子

常绿乔木，高达20m，胸径80cm。小叶纸质至革质，披针形或椭圆形，背面有极细小的疣状凸起，全缘。花序腋生；雄花序为聚伞圆锥花序，多花；雌花序为总状；花疏被茸毛至无毛；雄蕊6枚；花盘在雄花中球形至圆柱形，在雌花中环状，厚肉质；雌蕊密被短柔毛。果序具1～6个果；果卵圆形至纺锤形，成熟时黄绿色。花期4～5月；果10～12月成熟。

天然分布在海南和广东中部以南、广西西南部及云南西双版纳，在福建、广西、广东等地普遍栽培。垂直分布在海拔800m以下的山坡下部、沟谷、丘陵及平原。

喜光，耐半荫；喜高温、湿润气候，不甚耐寒，耐干旱，不耐过湿。对土壤要求不严，于土层深厚、排水良好的土壤上均可生长。速生。抗风力强。

果实变为黄绿色时可采收，采回后用沸水浸泡3～5分钟，使果肉与种核分离，取出种核，随即播种或用湿沙层积贮藏，翌年春季播种。种壳坚硬，一般不易发芽，可用烈日曝晒和湿润沙催芽。

为热带、南亚热带特有的果、材兼用树种。

麻楝

Chukrasia tabularis A. Juss.

别名：阴麻树、白皮香椿、厚皮公

乔木，高达25m。树皮灰褐色，具粗大皮孔。偶数羽状复叶；小叶互生，纸质，卵形至矩圆状披针形。圆锥花序顶生，疏散，具短的总花梗，分枝无毛或近无毛；花有香味；花瓣黄色或略带紫色，长圆形；雄蕊管圆筒形，花药10枚，椭圆形；子房具柄，花柱圆柱形，被毛，柱头头状。蒴果灰黄色或褐色，近球形或椭圆形，表面粗糙而有淡褐色的小疣点；种子扁平，椭圆形，有膜质的翅。花期4～5月；果期7月至翌年1月。

主要分布在海南、广东、广西、云南等地。常见于低海拔的半落叶或常绿季雨林中，多为散生。

为喜光树种，幼年耐荫；抗寒性较强，耐低温。土壤主要为砖红壤，对水、肥条件要求高，喜生于沟谷、村边、路旁等土层深厚、肥沃的阳光充足的立地，在瘠薄或肥力中等的山地生长不良。

选择长势旺盛、干形较通直、分叉高的健壮母树采种，当蒴果变为深褐色时可采收。采集后曝晒，待种子自然脱落。一般在室温下不宜久存，需密封干燥贮藏，存放在阴凉处，种子发芽力可保持1年。播种前用清水浸种24小时。

楝科 Meliaceae

苦楝

Melia azedarach Linn.

别名：楝、楝树、森树

落叶乔木，高达20m。树皮灰褐色，纵裂。2～3回奇数羽状复叶；小叶对生，卵形、椭圆形至披针形，全缘。圆锥花序，无毛或幼时被鳞片状短柔毛；花芳香；花萼5深裂；花瓣淡紫色，倒卵状匙形；雄蕊管紫色；子房近球形，花柱细长，柱头头状。核果球形至椭圆形，内果皮木质；种子椭圆形。花期4～5月；果期10～12月。

产于我国黄河以南各省区，较常见。生于低海拔旷野、路旁或疏林中。

为喜光树种，不耐荫蔽；喜温暖气候，不耐寒；不耐干旱，怕积水，种植在地下水位高的地区生长不良。对土壤要求不严，在酸性土、钙质土壤及低盐的盐碱地上都能生长，但在浅薄的土地生长不良，在土层深厚、排水良好、湿润、疏松的砂质壤土或壤土上生长最好。萌发力强，适应性强，生长迅速。

当果皮变黄略有皱纹时即可采集。采回后浸水沤烂，再洗去果皮，果核洗净阴干，贮存于室内干燥处。播种前清水浸种24小时，用草木灰拌种后置于桶内保持湿润，一天后混沙催芽。

龙眼

Dimocarpus longan Lour.

别名：桂圆

常绿乔木，高达10m。小枝粗壮，散生苍白色皮孔。偶数羽状复叶，连柄长15～30cm；小叶4～5对，对生或互生，薄革质，长圆状椭圆形至长圆状披针形。圆锥花序大型，顶生或腋生，密被星状毛；萼片三角状卵形，两面被毛；花瓣乳白色。果球形，黄褐色；种子黑色，有光泽。花期3～4月；果期7～8月。

在我国南部及西南部广泛栽培。在广东、广西和云南的疏林中常有野生或半野生分布。

喜光，幼苗不耐过度荫蔽，壮龄树更需充分阳光；喜温，忌冻，对低温敏感；较耐旱。对土壤适应性强。

宜采集种子繁殖，其种子寿命短，剥去果壳后除去假种皮，用清水洗净后即可播种。

无患子科 Sapindaceae

荔枝

Litchi chinensis Sonn.

别名：离枝

常绿乔木，高达10m。树皮灰褐色，不裂。偶数羽状复叶互生，连柄长10～25cm；小叶2～4对，薄革质或革质，卵状披针形或长椭圆状披针形。花序顶生，阔大而多分枝；花小，无花瓣。果球形或卵形，熟时红色，果皮有显著凸起的小瘤体；种子棕红色。花期3～4月；果5～8月成熟。

产于我国东南部、南部和西南部，公认原产于我国热带亚热带森林。在广东、广西、福建、海南、台湾等地广为栽培。

喜光；喜暖热、湿润气候，怕霜冻，生长发育期间要求高温、多湿。土壤适应性强，但以土层深厚、排水良好的酸性砂质壤土为好。

可种子繁殖和压条繁殖。种子繁殖可剥去果壳后除去假种皮，用清水洗净后即行播种。压条繁殖选择健壮母树的无病虫害枝条，在枝条上环割，用吲哚丁酸涂抹切口，包扎促根基质，用塑料薄膜捆绑成梭形，在包扎物外形成根团后，可割离母体成为新植株。

无患子科 Sapindaceae

柄果木 >>

Mischocarpus sundaicus Bl.

别名：铃子果、假荔枝、野荔枝、假龙眼

常绿小乔木，高达10m。小枝暗红色。叶连柄长约20cm；小叶常2对，革质，卵形或长圆状卵形，顶端短渐尖，基部圆或阔楔尖。花序复总状，近基部分枝，密被短茸毛；无花瓣。蒴果梨状；种子倒卵形，包于黄色假种皮内。花期10～11月；果期翌年春、夏间。

产于我国海南南部和广西东南部。常生于海滨地区的林内，内陆很少见。广泛分布于亚洲东南部和澳大利亚东海岸。

槭树科 Aceraceae

罗浮槭 <<

Acer fabri Hance

常绿乔木，高达10m。树皮灰褐色或灰黑色。小枝圆柱形，无毛。叶革质，披针形至长圆倒披针形，全缘。花杂性；雄花与两性花同株，长成无毛或嫩时被茸毛的紫色伞房花序；萼片5枚，紫色，长圆形；花瓣5枚，白色，倒卵形；雄蕊8枚，无毛；子房无毛，花柱短，柱头平展。翅果嫩时紫色，成熟时黄褐色或淡褐色；小坚果凸起。花期3～4月；果期9月。

产于我国广东、广西、江西、湖南、四川等省区。生于海拔500～1 800m的疏林中。

耐荫能力强，但在光照充足处结果较多；耐寒。

以种子繁育为主。果实成熟后，采集阴干，用湿润沙子贮藏或随采随播。如把果实干藏至翌年春季播种，须用40℃温水浸种催芽。

省沽油科　Staphyleaceae

野鸦椿

Euscaphis japonica (Thunb.) Kanitz

落叶小乔木或灌木，高4～6m。树皮灰褐色，具纵条纹。小枝及芽红紫色。叶对生，奇数羽状复叶；小叶5～9片，厚革质，长卵形或椭圆形，边缘具疏短锯齿。圆锥花序顶生，花梗长；花多，较密集，黄白色；萼片与花瓣均5枚，椭圆形；萼片宿存；花盘盘状。蓇葖果，果皮软革质，红色；种子近圆形，假种皮肉质，黑色，有光泽。花期5～6月；果期8～9月。

产于我国南北大部分省区。生于海拔500m以上的山坡、山谷、河边的丛林、灌丛或阔叶林中。

喜日照时间短、环境湿度大、土壤肥沃、疏松、排水良好的典型山区环境，在贫瘠的酸性土壤中长势较弱。

及时采收成熟果实，剥离得到种子。由于种壳硬且厚，很难吸水膨胀发芽，因此播种前需进行高温（70℃温水）催芽和保湿贮藏法催芽。

省沽油科 Staphyleaceae

圆齿野鸦椿

Euscaphis konishii Hayata

常绿小乔木，高2～10m。树干较直；树皮灰褐色呈纵裂。枝暗红色且无毛。奇数羽状复叶有小叶5～7片；小叶纸质，对生，椭圆形或长椭圆形，边缘具细圆锯齿。伞房状聚伞花序顶生，长10～15cm；花小密集，黄白或黄绿色，盛开时直径约4.5mm；倒卵形花瓣5枚；卵形萼片5裂；雄蕊5枚且较花瓣稍短，花药卵形；子房通常由3枚心皮组成，基部合生。蓇葖果1～3个，果皮肉质；黑色种子1～4颗，近球形且有光泽。花期4～5月；果期较长，9月至翌年3月。

主要分布于我国广东、海南、广西、江西、福建、湖南和江苏等省区。华南地区有繁殖栽培，生长较快。主要生于海拔500～1 200m的山谷、林缘或疏林下。

中性树种，在苗期需荫蔽，长大后则需一定光照，在荫蔽的林下长势不好，且开花结果少；适生于日照时间短，环境湿度大，土壤肥沃、酸性、疏松、排水透气好的生境。对城市环境适应性强。

繁殖可用成熟的种子播种。

漆树科 Anacardiaceae

人面子

Dracontomelon duperreanum Pierre

别 名：人面树、银莲果、人面果

常绿高大乔木，高达25m。具板根。奇数羽状复叶互生，长30～45cm；小叶11～17片，长椭圆形，长5～14.5cm，宽2.5～4.5cm，先端渐尖，基部常偏斜，全缘，侧脉8～9对。圆锥花序顶生或腋生；花小，绿白色，直径5mm；萼片5枚，覆瓦状排列，阔卵形或卵状椭圆形；花瓣白色，5枚，披针形或狭长圆形。核果球形而略扁，黄色，果核表面凹陷，形如人脸。花期5～6月；果期7～8月。

产于我国广东、海南和广西南部及云南东南部。生于海拔120～350m的林中。

喜日照充足、温暖、湿润的气候，但不耐寒。适生于深厚、肥沃的酸性土。生性强健。

可于春、秋季进行播种繁殖。

漆树科 Anacardiaceae

盐肤木

Rhus chinensis Mill.

别名：五倍子树、盐肤子

落叶灌木或小乔木。小枝棕褐色，被锈色柔毛，具圆形小皮孔。奇数羽状复叶有小叶数对，叶轴具宽的叶状翅，叶轴和叶柄密被锈色柔毛；小叶自下而上逐渐增大，小叶多形，卵形或长圆形，边缘有粗锯齿，无柄。圆锥花序顶生，直立宽大；花小，杂性；花萼5裂；花瓣5枚；雄蕊5枚；花盘环状；子房上位。果序直立；核果，球形，成熟后红色。

广泛分布于我国南北各省区。生于向阳山坡、沟谷、溪边的疏林或灌丛中。

喜温暖，能耐一定寒冷；喜湿润，耐一定干旱，不耐水湿。对土壤要求不严，酸性、中性或石灰岩的碱性土壤上都能生长，耐瘠薄。根系发达，有很强的萌蘖性。

采种后，用温水加入草木灰调成糊状，搓洗种子。用清水掺入低浓度的石灰水搅拌均匀，将种子放入浸泡3～5天后摊放在簸箕上，盖上草帘，每天淋水一次，待种子“露白”后，方可播种。播种时间在3月中旬至4月上旬。

香港四照花

Cornus hongkongensis Hemsley

常绿乔木或灌木。树皮深灰色或黑褐色，平滑。叶对生，革质，椭圆形至长椭圆形。头状花序球形，由50～70朵花聚集而成；总苞片4片，白色，宽椭圆形；花小，有香味；花萼管状，绿色；花瓣4枚，长椭圆形，淡黄色；雄蕊4枚，花药椭圆形，深褐色；花盘盘状；子房下位，花柱柱头小。果序球形，被白色细毛，成熟时黄色或红色。花期5～6月；果期11～12月。

产于我国南方大部分省区。生于湿润山谷的密林或混交林中。

喜温暖、湿润气候，有一定耐寒力，抗旱。耐贫瘠。耐移植。

以种子繁殖为主。种子收获后随即播种，或低温层积120天以上翌年春季播种。也可进行分株、扦插及压条繁殖。

八角枫科 Alangiaceae

八角枫

Alangium chinense (Lour.) Harms

别名：华瓜木

落叶灌木或乔木，高3～5m，稀达15m。小枝略呈“之”字形，幼枝紫绿色。叶纸质，近圆形或椭圆形、卵形，基部两侧常不对称，阔楔形、截形、稀近于心脏形，基出脉3～5，成掌状。聚伞花序腋生，常早落；花冠圆筒形；花瓣6～8枚，线形，上部开花后反卷；雄蕊花丝略扁；花盘近球形；子房2室，柱头头状，常2～4裂。核果卵圆形，成熟后黑色；种子1颗。花期5～7月和9～10月；果期7～11月。

分布于我国黄河中上游、长江流域至华南、西南各地。

稍耐荫；耐寒性不强。

鸭脚木

Schefflera heptaphylla (Linn.) Frodin

别名：鹅掌柴、鸭母树、手树、小叶伞树

常绿乔木或灌木，高2～15m，胸径可达30cm以上。掌状复叶；小叶6～9片，长椭圆形或倒卵状椭圆形，全缘无毛；叶柄细长。伞形花序集成大圆锥花序；花小，白色。核果球形，成熟时紫褐色。花期11～12月；果期5月。

在热带、亚热带的山地常绿林和季雨林中均有生长。

幼株能耐荫蔽，大树需充分光照；喜湿润的立地。对土壤肥力要求不严。适应性广。

种子采回后稍晾干便可播种。不宜久藏，不需要处理，随采随播。

柿科 Ebenaceae

野柿 >>

Diospyros kaki Thunb. var. *silvestris* Makino

别名：山柿、油柿

落叶乔木，高可达9m。树皮黑灰色成方形小块，固着树上。小枝密被褐色毛。叶椭圆形，薄革质，表面深绿色，有光泽；叶痕大，红棕色。雌雄异株或杂性同株，单生或聚生于新生枝条的叶腋中；花黄白色。果橙黄色。花期5～6月；果期9～10月。

强阳性树种；喜湿润，耐干旱，忌积水。抗性极好，能在土壤条件较差的区域生长。深根性，根系强大，吸水、吸肥力强。抗污染能力强。

柿科 Ebenaceae

罗浮柿 <<

Diospyros morrisiana Hance

别名：牛古柿、山柿、乌蛇木

灌木或小乔木，高可达10m。枝条褐色。叶薄革质，椭圆形或长圆形，先端短渐尖，基部楔形。雄花通常3朵组成聚伞花序，花梗密被褐色茸毛，花萼钟状，4裂，花冠壶形，4裂片卵形，雄蕊16～22枚，花丝扁平无毛，花药长圆形；雌花单生于叶腋，花萼浅杯状，4裂，花冠近壶形，里面被淡黄色茸毛，4裂片卵形，退化雄蕊6枚，子房球形，无毛，花柱4枚，合生至中部，被茸毛。果近球形，果萼盘状，4浅裂；种子数颗，褐色，扁平。花期5～6月；果期10～12月。

产于我国浙江、台湾、广东、广西、云南等地。生于密林或山坡次生林中。

水石梓

Sarcosperma laurinum (Benth.) J. D. Hook.

别名：肉实树、山苦瓜、砂糖木

常绿乔木，高达20m。板根显著。树皮薄，近平滑。叶互生，枝顶的通常轮生，近革质，倒卵形，先端骤然急尖，基部楔形。总状花序或圆锥花序腋生，花芳香，单生或2～3朵簇生于花序轴上；花冠绿色转淡黄色；能育雄蕊着生于冠管喉部；花丝极短，花药卵形；子房卵球形，1室，花柱粗。核果长圆形或椭圆形，熟时黑色，果皮极薄；种子1颗。花期8～9月；果期12月至翌年1月。

分布于我国浙江、福建、广东、广西及云南等省区。生于海拔500m左右的山谷或溪边林中。

喜微弱光照；喜生于湿润、终年雨雾的山谷密林，对水敏感，不耐干旱。

山榄科 Sapotaceae

铁榄

Sinosideroxylon pedunculatum (Hemsl.) H. Chuang

乔木，高可达12m。小枝圆柱形，被锈色柔毛。叶互生，密聚于小枝先端，革质，卵形或卵状披针形，先端渐尖，基部楔形，两面无毛，上面具光泽。花浅黄色，1～3朵簇生于腋生的花序梗上，组成总状花序；花序梗具纵棱；花梗基部具小苞片；花冠4或5裂，裂片卵状长圆形；能育雄蕊4或5枚；退化雌蕊4或5枚，花瓣状，披针形；子房近圆形，4或5室。浆果卵球形；种子1颗，椭圆形，两侧压扁，褐色，具光泽。

产于我国湖南、广东、广西和云南。生于海拔1 000m左右的石灰岩小山和密林中。

蜡烛果

Aegiceras corniculatum (Linn.) Blanco

别名：黑榄、浪柴

灌木或小乔木，高1.5～4m。老枝光滑，浅灰黑色；小枝红色。叶互生，于枝顶端近对生；叶片革质，有光泽，椭圆形、倒卵形或广倒卵形，顶端圆形或微凹，基部楔形，长5～8cm，宽3～4cm；叶柄通常不超过0.5cm。伞形花序生于枝条顶端，有花10～15朵；花蕾圆锥形；花冠白色，钟状，长约9mm。蒴果圆柱形，弯曲如新月形，顶端渐尖，长约8cm，直径约6mm，宿存萼紧抱基部。花期12月至翌年2月；果期10～12月。

产于我国广东、广西、福建和南海诸岛。生于海边潮水涨落的污泥滩上。

可通过播种繁殖。

为红树林组成树种之一，有时会形成纯林，具有防风、防浪的作用。

山矾科 Symplocaceae

光叶山矾

Symplocos lancifolia Sieb. et Zucc.

小乔木。幼嫩器官均被黄褐色柔毛。叶纸质，卵形至阔披针形，先端尾状渐尖，基部阔楔形，边缘具稀疏钝齿。穗状花序；苞片椭圆状卵形；花冠淡黄色，5深裂；雄蕊约25枚；子房3室，花柱粗壮，柱头扁圆形。核果近球形。花、果期5～9月。

产于我国浙江、台湾、福建、广东、四川等地。生于海拔1 200m以下的林中。

羊角拗

Strophanthus divaricatus (Lour.) Hook. et Arn.

别名：羊角扭、羊角树、山羊角

直立或攀缘状灌木，高约2m。有白色乳汁。茎、枝棕褐色，密生白色皮孔。叶对生，薄纸质，长椭圆形，顶端尖，基部楔形，两面无毛。聚伞花序顶生；花黄色；萼片披针形；花冠漏斗状5裂，裂片先端延长成长尾状，花冠喉部具10片舌状鳞片；雄蕊5枚；心皮2枚，离生。蓇葖果叉生。花期3～4月；果期8～9月。

产于我国贵州、云南、广西、广东等省区。野生于丘陵山地、路旁疏林中或山坡灌木丛中。

适于热带、南亚热带气候，不耐霜冻。土壤以微酸性的肥沃砂质壤土为宜。

秋季采收成熟果实，剥去果皮，将种子除去冠毛，晒干贮藏。春、秋季播种或春季扦插育苗繁殖。

夹竹桃科 Apocynaceae

倒吊笔

Wrightia pubescens R. Br.

别名：常子、神仙蜡烛、刀柄、苦常

落叶乔木，高达20m。有丰富的乳汁。树干上皮孔横条状凸起。小枝及叶密生短柔毛。单叶对生，坚纸质，卵状椭圆形。聚伞花序长约5cm；花冠漏斗状，白色、浅黄色或粉红色，花冠筒裂片长圆形；副花冠分裂为10片鳞片，呈流苏状；雄蕊5枚，花药箭头状；花柱丝状，向上逐渐增大，柱头卵形。蓇葖果长柱形，2个并生，灰褐色；种子线状纺锤形，黄褐色，顶端具淡黄色绢质种毛。花期4～8月；果期8月至翌年2月。

产于我国西南部和南部。东南亚和澳大利亚也有分布。散生于低海拔热带雨林中和干燥稀树林中，常见于海拔300m以下的山麓疏林中，在密林中不常见。

阳性树。在土壤深厚、肥沃、湿润而无风的低谷地或平坦地生长良好，在干旱、瘠薄的立地长势不良。

选择母树采集种子，在果实未开裂前采收。采集后将果实晒至开裂，种子自然脱出即可收集。种子带毛，播种前应搓去种毛。

茜草科 Rubiaceae

鱼骨木

Canthium dicoccum (Gaertn.) Merr.

别名：步散

无刺灌木或乔木，高达15m。叶革质，卵形至卵状披针形，顶端尖，基部楔形，两面光亮。聚伞花序，总花梗短；花萼顶端截平或5浅裂，萼管倒圆锥形；花冠绿白色或浅黄色，喉部具茸毛，顶端5裂，裂片长圆形；花丝短；花柱伸出，无毛。核果倒卵形。花期1～3月。

分布于我国广东、广西、云南。生于灌木丛或疏林中。

茜草科 Rubiaceae

山石榴

Catunaregam spinosa (Thunb.) Tirveng.

别名：牛头簕、刺子、簕牯树、簕泡木

有刺灌木或小乔木，高1～10m，有时攀缘状。多分枝，枝粗壮，嫩枝有时有疏毛；刺腋生，对生，粗壮。叶纸质或近革质，对生或簇生于抑发的侧生短枝上，倒卵形或长圆状倒卵形，两面无毛或有粗伏毛。花单生或2～3朵簇生于侧生短枝的顶部；花梗被棕褐色长柔毛；萼管钟状或卵形，外面被棕褐色长柔毛，裂片广椭圆形，外面被棕褐色长柔毛，内面被短硬毛；花冠初时白色，后变为淡黄色，钟状，外面密被绢毛，喉部有疏长柔毛，花冠裂片5枚，卵形或卵状长圆形；花药线状长圆形；子房2室，花柱柱头纺锤形。浆果大，球形，无毛或有疏柔毛，顶冠以宿存的萼裂片，果皮常厚；种子多数。花期3～6月；果期5月至翌年1月。

产于我国台湾、广东、广西、海南等地。生于海拔30～1 600m处的旷野、丘陵、山坡、山谷沟边的林中或灌丛中。

狗骨柴

Diplospora dubia (Lindl.) Masam.

别名：狗骨仔、三萼木、观音茶

灌木或乔木，高1～12m。叶革质，长圆形、椭圆形或披针形，全缘而常稍背卷，两面无毛，干时常呈黄绿色而稍有光泽。花腋生，密集成束或组成具总花梗、稠密的聚伞花序；总花梗短，有短柔毛；花冠白色或黄色，花冠裂片长圆形，向外反卷；雄蕊4枚；花柱柱头2分枝，线形。浆果近球形，有疏短柔毛或无毛，成熟时红色；种子近卵形，暗红色。花期4～8月；果期5月至翌年2月。

产于我国江苏、浙江、江西、福建、广东、广西、四川、云南等地。生于海拔40～1 500m处的山坡、山谷沟边、丘陵、旷野的林中或灌丛中。

终年常绿，适生于湿润的酸性土壤。抗污染能力强。

茜草科 Rubiaceae

黄栀子

Gardenia jasminoides Ellis

别名：栀子、水横枝、黄果子、山栀子

灌木，高可达3m。叶对生或3叶轮生，革质，倒卵状长椭圆形，两面常无毛，上面亮绿，下面色较暗。花芳香，通常单朵生于枝顶；花冠白色或乳黄色，高脚碟状，喉部有疏柔毛，冠管狭圆筒形；花柱粗厚，柱头纺锤形，黄色，平滑。果卵形、近球形、椭圆形或长圆形，黄色或橙红色，有翅状纵棱多条；种子多数，扁，近圆形而稍有棱角。花期3～7月；果期5月至翌年2月。

产于我国中部及东南部地区。

喜光，也耐荫；喜温暖、湿润的气候，不耐寒。喜肥沃、湿润的酸性土。

主要种子繁殖，随采随播。

茜草科 Rubiaceae

团花

Neolamarckia cadamba (Roxb.) Bosser

别名：黄梁木

落叶大乔木，高达30m。树干通直，基部略有板状根；树皮薄，灰褐色。叶对生，薄革质，椭圆形，顶端短尖，基部圆形或截形。头状花序单个顶生，花序梗粗壮；花萼裂片长圆形，被毛；花冠黄白色，漏斗状，花冠裂片披针形。果成熟时黄绿色；种子近三棱形，无翅。花、果期6～11月。

产于我国广东、广西和云南。生于山谷溪边或杂木林下。

喜光；喜高温、高湿，要求雨量充足、湿度大的地区。耐贫瘠。抗风性较强，速生。

可用播种、扦插或高空压条法进行繁殖。

茜草科 Rubiaceae

九节

Psychotria rubra (Lour.) Poir

别名：刀伤木、青龙吐珠、九节木

灌木或小乔木。单叶对生，纸质或亮革质，呈长圆形至披针形，全缘，具有明显的三角形托叶。聚伞花序通常顶生，多花，单性；雌雄花冠均为白色，呈漏斗状5裂。浆质核果球形，有纵棱，成熟后红色。花、果期全年。

广泛产于我国南方地区。适生于平地、丘陵、山坡等多种生境。

耐荫性极强；喜温暖、潮湿。

繁殖方式可用播种法或扦插法。

草海桐科 Goodeniaceae

草海桐

Scaevola sericea Vahl

直立或铺散灌木，有时成高达7m的小乔木。枝条中空，无毛，仅叶腋密生白色须毛。叶稍肉质，螺旋状排列，聚生于枝顶，匙形至倒卵形，基部楔形，顶端圆钝，比较像海桐。聚伞花序腋生，长1.5～3cm；花萼无毛，筒部倒卵形；花冠白色或淡黄色，长约2cm，筒部细长，内面被白色长毛。核果卵球状，白色。花、果期4～12月。

产于我国海南、广东、广西、福建、台湾。生于海边，常在开旷的海边沙地上或海岸峭壁上生长。

喜阳光照射，不耐荫蔽；喜温暖、湿润环境，也能耐一定干旱。耐贫瘠。具有抗盐碱能力。

可播种繁殖，种子需要用碱水浸泡。

猫尾木

Dolichandrone cauda-felina (Hance) Benth. et Hook. f.

别名：猫尾

乔木，高达10m。叶近对生，奇数羽状复叶；小叶6～7对，无柄，长椭圆形或卵形，顶端长渐尖，基部阔楔形，全缘纸质。花大，组成顶生、具数花的总状花序；花萼与花序轴均密被褐色茸毛；花冠黄色，花冠筒基部直径约10cm，漏斗形，下部紫色，花冠裂片椭圆形；雄蕊及花柱内藏。蒴果极长，悬垂，密被褐黄色茸毛；种子长椭圆形，极薄，具膜质翅。花期10～11月；果期4～6月。

产于我国广东、海南、广西、云南等地，福建有栽培。生于低海拔疏林边。

性喜光；喜高温，幼苗抗寒力差，需一定的荫蔽，通常气温低于0℃时会引起冻害；喜高湿，不耐干旱。在土层深厚、肥沃、湿润、疏松、排水良好的砂质壤土种植为佳，不耐贫瘠。对氯气、二氧化碳气体的抗性较强，吸滞灰尘、粉尘能力较高。

播种繁殖为主，种子随采随播，宜用沙床催芽，在移苗后3个月内要50%～60%的适度遮荫。

马鞭草科 Verbenaceae

海榄雌

Avicennia marina (Forssk.) Vierh.

别名：咸水矮让木、海豆、白骨壤

灌木，高1.5～6m。小枝四方形，平滑无毛。叶对生，叶片近无柄，革质，全缘，卵形至倒卵形再至椭圆形，长2～7cm，宽1～3.5cm，顶端顿圆，基部楔形，表面无毛，有光泽。头状聚伞花序，花序梗长1～2.5cm；花小，直径约5mm；花冠黄褐色。蒴果近球形至扁球形，直径约1.5cm，灰黄色。花、果期7～10月。

产于我国广东、福建、海南、台湾。生长于海边和盐沼地带，是我国南海海岸红树林植物种类的主要组成之一。

可通过播种法繁殖。播种前需要浸种，用人工营养土作为基质最佳。

马鞭草科 Verbenaceae

赪桐

Clerodendrum japonicum (Thunb.) Sweet

别名：百日红、贞桐花、状元花、荷包红、红花倒血莲

灌木，高1～4m。小枝四棱形。叶片圆心形，边缘有疏短尖齿，表面疏生伏毛。二歧聚伞花序组成顶生、大而开展的圆锥花序；花萼红色；花冠红色；子房4室。果实椭圆状球形，绿色或蓝黑色，宿萼增大，初包被果实，后向外反折呈星状。花、果期5～11月。

产于我国江苏、湖南、福建、广东、广西、四川、贵州、云南和浙江南部、江西南部。通常生于平原、山谷、溪边或疏林中，或栽培于庭园。

马鞭草科 Verbenaceae

柚木

Tectona grandis Linn. f.

别名：胭脂树、紫柚木、血树

落叶大乔木，高达40m。小枝四棱形，被灰黄色或灰褐色星状茸毛。叶对生，极大，厚纸质，全缘，卵状椭圆形或倒卵形，表面粗糙，背面密被灰褐色至黄褐色星状毛。大型圆锥花序顶生；花有香气；花萼钟状，被白色星状茸毛；花冠白色；子房被糙毛，柱头2裂。核果球形，外果皮茶褐色，被毡状细毛，内果皮骨质。花期8月；果期10月。

原产于印度、缅甸、马来西亚及印尼。我国华南地区及云南有引种栽培。

喜光，为热带强阳性树种；适生于暖热气候及干湿季分明的地区。能生长于砂页岩、花岗岩发育成的红壤和赤红壤上，喜深厚、湿润、肥沃、排水良好的土壤。速生，萌芽力强，伐后可萌芽更新。

采果后将宿存的花萼囊除去，晒干，袋藏，播种前先摊晒，然后用冷水浸泡，反复浸晒一周催芽。

为世界珍贵用材树种。

山牡荆

Vitex quinata (Lour.) Will.

常绿乔木，高4～12m。树皮褐色。小枝四棱形。掌状复叶，对生；小叶片倒卵形，顶端尖，尾部楔形，全缘。聚伞花序对生于主轴上，排成顶生圆锥花序式；花萼钟状；花冠淡黄色，顶端5裂，二唇形；雄蕊4枚，伸出花冠外。核果球形或倒卵形，成熟后黑色；宿萼呈圆盘状。花期5～7月；果期8～9月。

产于我国浙江、江西、福建、湖南、广东和广西等地。喜生于山坡林中。

果实成熟后采集，收集种子用以播种。

棕榈科 Palmae

假槟榔

Archontophoenix alexandrae (F. Muell) H.Wendl. et Drude

别名：亚历山大椰子

常绿乔木，高达20m。茎圆柱状，基部略膨大。叶羽状全裂，生于茎顶，长2～3m；羽片呈2列排列，线状披针形，长达45cm。花序生于叶鞘下，呈圆锥花序式，下垂，多分枝；花雌雄同株，白色；雄花花瓣3枚，雄蕊多数；雌花花瓣3枚，圆形。果实卵球形，红色；种子卵球形。几乎全年都开花，果期不定。

原产于澳大利亚东部。我国福建、台湾、广东、广西、海南等热带、亚热带地区的园林单位有栽种。

喜光，不耐荫蔽；喜高温，稍耐寒；耐水湿，亦较耐干旱。对土壤的适应性颇强，在肥力中等以上的各类土壤上均生长良好。抗风力强，抗二氧化硫、氯气能力强。

当果实变红色时易自然脱落，应在其脱落前采收。果实采收后，堆积或浸水数日至果皮腐烂，搓去果皮，洗净得到种子。种子失水易丧失发芽力，切忌曝晒，稍阴干后用湿沙混合贮藏或层积贮藏。根系浅，地植不宜过深。

为一种树形优美的绿化树种。

鱼尾葵

Caryota ochlandra Hance

别名：单杆鱼尾葵、青棕、假桄榔

常绿乔木。茎绿色，具环状叶痕，单生。叶大，2回羽状全裂，悬垂，质厚而硬，顶端的1枚羽片扇形，侧面的羽片菱形似鱼尾。肉穗花序长3m；雄花萼片宽圆形，花瓣黄色，雄蕊多数；雌花中退化雄蕊3枚，钻状，子房近卵状三棱形，柱头2裂。果实球形，红色；种子1～2颗。花期5～7月；果期8～11月。

原产于亚洲热带、亚热带及大洋洲。我国东南部至西南部有分布。

喜光照充足的环境，也耐半荫，忌强光直射和曝晒；喜温暖，耐寒力不强；喜湿润。要求排水良好、疏松、肥沃的土壤。

待果穗上大部分种子呈红色时，可连果穗采割。采回的果实堆沤数日至外果皮腐烂，水中洗净得到种子。种子忌脱水，不宜曝晒，须用湿沙混合贮藏或层积贮藏。

棕榈科 Palmae

散尾葵

Chrysalidocarpus lutescens H. Wendl.

别名：黄椰子

从生灌木，高达8m。叶羽状全裂，平展，长约1.5m；羽片2列，黄绿色，披针形，先端长尾状渐尖。圆锥花序，具2～3次分枝，其上生数个小穗轴；花小，卵球形，金黄色，螺旋状着生于小穗轴上；雄花花瓣3枚，雄蕊6枚；雌花花瓣3枚，子房1室，花柱短，柱头粗。果实倒卵形，鲜时土黄色，干时紫黑色，外果皮光滑，中果皮具网状纤维；种子略为倒卵形。全年开花多次；果期不定。

原产于马达加斯加。我国南方广泛引种栽培。

喜半荫，较耐荫，畏烈日；喜温暖、湿润且通风良好的环境，不耐寒。适生于疏松、排水良好、富含腐殖质的土壤。

当大部分果实呈红色时即可采收。将采回的果实堆沤数日至外果皮腐烂，在水中洗净得到种子。种子忌失水，须用湿沙混合贮藏或层积贮藏。

禾本科 Gramineae

野古草

Arundinella hirta var. *hirta*

别名：硬骨草、乌骨草

多年生草本。根茎较粗壮，密生鳞片。秆直立，疏丛生，节黑褐色，具髯毛或无毛。叶鞘无毛或被疣毛；叶舌短，具纤毛。花序开展或略收缩，主轴与分枝具棱；2颖；第一小花雄性，外稃顶端钝，花药紫色；第二小花雌性，外稃无芒。花、果期7～10月。

除新疆、西藏、青海外，我国各省区均有分布。喜空旷的环境，常形成以它为主的草甸群落。

耐寒；耐旱，喜潮湿。为适应性很强的粗大禾草，繁殖迅速。抗盐碱、抗风沙和抗污染能力较强。

禾本科 Gramineae

地毯草

Axonopus compressus (Sw.) Beauv.

多年生草本。具长的匍匐茎。秆压扁，一侧具沟槽。叶较柔薄，顶端钝，边缘被细柔纤毛，秆生叶较长，匍匐茎上的叶较短；叶舌短，膜质。总状花序常3个，最上2个成对而生；小穗长圆状披针形，疏生丝状柔毛；第一颖缺；第二颖顶端尖；结实小花的外稃硬化成硬革质，椭圆形。夏初抽穗。

原产于热带美洲。世界各热带、亚热带地区有引种栽培，我国台湾、广东、广西、云南有栽培。

耐荫蔽，在橡胶林及其他类似的荫蔽条件下生长良好；不耐霜冻；喜潮湿的热带和亚热带气候，不耐干旱，旱季休眠，不耐水淹。适生于在潮湿的砂土上。

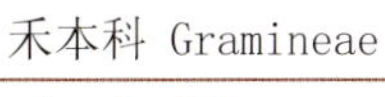

禾本科 Gramineae

青皮竹

Bambusa textilis McClure

别名：青竹、篾竹、黄竹

从生，竿高达12m。竿直立，节间甚长，竹壁薄。箨鞘初有毛；箨耳小，长椭圆形；箨舌略呈弧形；箨叶窄三角形，直立。出枝较高，分枝密集从生达10～12枚。每小枝上叶片8～14片。笋期5～9月。

主产于我国广东、广西、福建、湖南等省区。

要求温暖、湿润的气候。喜生于土壤疏松、湿润、肥沃的立地。

禾本科 Gramineae

狗牙根

Cynodon dactylon (Linn.) Pers.

别名：绊根草、爬根草、铁线草

多年生草本，高30cm。匍匐根茎平铺地面，多分枝，节上生根。秆直立，纤细。叶片线形；叶舌退化为一圈白毛；叶鞘压扁具脊。穗状花序数个，呈指状排列于秆顶，绿色或淡紫色；穗轴纤细，具棱；小穗卵状披针形；颖狭披针形；外稃宽，革质；内稃较狭，具2脊；花药黄色或紫色。花、果期5～10月。

分布于我国黄河以南各省区，全世界温暖地区均有分布。多生于旷野、田间或水沟边。

耐荫性较差；喜温暖、湿润的气候，耐寒性较差。喜排水良好的肥沃土壤。耐践踏，侵占能力强。

弓果黍

Cyrtococcum patens (Linn.) A. Camus

一年生、矮小草本。秆纤细，下部平卧地面，节上生根。叶片线状披针形，先端长渐尖，基部稍狭；叶舌膜质。圆锥花序开展而疏松；分枝纤细，小穗疏生；第一颖近纸质，卵形，具3条脉；第二颖舟形，先端钝，具3条脉；第一小花的外稃具5条脉；第二小花具极短的柄；外稃革质，淡黄色，边缘内卷包着内稃。花、果期9月至翌年2月。

我国东南部至西南部常见，广泛分布于东南亚各地。适生于山坡草地、路旁灌丛或林边阴湿地上。

阳性偏旱生。

禾本科 Gramineae

假俭草

Eremochloa ophiuroides (Munro) Hack.

别名：蜈蚣草

多年生草本。匍匐茎强壮。叶片条形，顶端钝，顶生叶片退化成小尖头；叶鞘压扁，边缘近膜质，鞘口有毛。总状花序顶生，压扁；第一颖长圆形，近革质，脉数条，脊上部有宽翼，下部有短刺毛；第二颖略呈舟形，膜质，3条脉，边缘窄内卷；第一小花的内外稃膜质，透明，长圆形；第二小花两性。秋冬抽穗。花、果期夏、秋季。

广泛分布于我国华南、华东、华中地区及中南半岛。生于潮湿草地及河边、路旁。

喜光，耐荫；耐干旱。较耐践踏。狭叶和匍匐茎平铺地面，能形成紧密而平整的草坪，几乎没有其他杂草侵入。抗二氧化硫等有害气体，吸尘，滞尘能力强。

可用播种、移植草块和埋植匍匐茎的方法繁殖。

象草

Pennisetum purpureum Schum.

多年生丛生大型草本，秆直立，高达4m。叶鞘光滑或具疣毛；叶舌具纤毛；叶片线形，扁平，上面疏生刺毛，边缘粗糙。圆锥花序，基部密生柔毛，主轴密生长柔毛，刚毛金黄色或紫色；小穗常单生或2～3个簇生；第一颖短或退化；第二颖具1条脉或无脉；第一小花中性或雄性；第一外稃具脉数条，第二外稃具5条脉。花、果期8～10月。

原产于非洲热带地区。我国华南、华东、西南等地区有引种，已逸为野生。在广西海拔1 200m以下的地区均能良好生长。

喜温暖、湿润的气候，能耐轻霜。对土壤要求不严，砂土、粘土和微酸性土壤均能生长，但以土层深厚、肥沃疏松的土壤最为适宜。适应性很广。

用茎秆作种茎，插植。

禾本科 Gramineae

钝叶草

Stenotaphrum helferi Munro ex J. D. Hook.

多年生草本，植株矮小。秆下部匍匐，于节处生根，向上抽出高10～40cm的直立花枝。叶鞘松弛，通常长于节间，压扁而于背部具脊，常仅包节间下部，平滑无毛；叶舌极短，顶端有白短纤毛；叶片带状，顶端微钝，具短尖头，基部截平或近圆形，两面无毛，边缘粗糙。花序主轴扁平呈叶状，具翼，边缘微粗糙；穗状花序嵌生于主轴的凹穴内，穗轴三棱形，边缘粗糙，顶端延伸于顶生小穗之上而成一小尖头；小穗互生，卵状披针形，含2朵小花而仅第二小花结实；颖先端尖，脉间有小横脉，第一颖广卵形，长为小穗的1/2～2/3，具3～7条脉，第二颖约与小穗等长，具9～11条脉，第一小花雄性；第一外稃与小穗等长，具7条脉，内稃厚膜质，略短于外稃，具2条脉，第二外稃革质，有被微毛的小尖头，边缘包卷内稃。花、果期秋季。

主要分布于广东、云南等南部省份。缅甸、马来西亚等亚洲热带地区也有分布。多生于海拔约1 100m以下的湿润草地、林缘或疏林中。

耐荫，在荫蔽处生长特别繁茂；喜湿润，耐水淹。具有适应能力强、繁殖快等优点。

播种、移植草块或埋植匍匐茎的方法繁殖。

叶片浓绿，匍匐枝多，秆叶肥厚柔嫩，为优良的牧草。植株低矮，管理要求粗放，可作暖季型草坪草。

中文名索引

Index to Chinese Names

二画

三画

四画

五画

六画

七画

八画

九画

十画

十一画

十二画

十三画

十四画

十五画

十五画以上

学名索引

Index to Scientific Names

M

N

O

P

Q

R

S

参考文献

[1] 广东省林业局，广东省林学会. 广东省100种优良阔叶树种栽培技术. 2002.

[2] 李玉科，邱进清，肖石海. 阔叶树种苗生产. 福州：福建科学技术出版社，2002.

[3] 彭少麟，任海. 南亚热带森林生态系统的能量生态学研究. 北京：气象出版社，1998.

[4] 彭少麟. 南亚热带森林群落动态学. 北京：科学出版社，1996.

[5] 任海，刘庆，李凌浩. 恢复生态学导论（第二版）. 北京：科学出版社，2008.

[6] 解焱. 恢复中国的天然植被. 北京：中国林业出版社，2002.

[7] 余作岳，彭少麟. 热带亚热带退化生态系统植被恢复生态学研究. 广州：广东科技出版社，1996.

[8] 中国科学院中国植物志编辑委员会. 中国植物志. 北京：科学出版社，1956-2004.

[9] Lai PCC & Wong BSF. Effects of tree guards and weed mats on the establishment of native tree seedlings: implications for forest restoration in Hong Kong, China. Restoration Ecology, 2005, 13:138-143.

[10] Li WH. Degradation and restoration of forest ecosystems in China. Forest Ecology and Management, 2004, 201: 33-41.

[11] Ren H, Shen W, Lu H, Wen X, and Jian S. Degraded ecosystems in China: Status, causes, and restoration efforts. Landscape and Ecological Engineering, 2007a, 3:1-13.

[12] Ren Hai, Du Wei-Bing, Wang Jun, Yu Zuo-Yue, Guo Qin-feng. The natural restoration of degraded rangeland ecosystem in Heshan hill land. Acta Ecologica Sinica, 2007b, 27:3593-3600.

[13] Ren Hai, Li Zhian, Shen Weijun, Yu Zuoyue, Peng Shaolin, Liao Chonghui, Ding Mingmao& Wu Jianguo. Changes in biodiversity and ecosystem function during the restoration of a tropical forest in south China. Science in China Series C: Life Sciences, 2007c, 50:277-284.

[14] Ren Hai, Yang Long, Liu Nan. Nurse plant theory and its application in ecological restoration in lower-subtropics of China. Progress in Natural Science, 2008,18:137-142.

[15] SER. The SER International Primer on Ecological Restoration. Society for Ecological Restoration International. 2004.

[16] SER. Society for Ecological Restoration International: Guidelines for Developing and Managing Ecological Restoration Projects, 2nd Edition. Society for Ecological Restoration International. 2005.

[17] Whisenant S. Repairing damaged ecosystems. Cambridge University Press. 1999.